Rolf Meier

Professionelle Trainingsmedien selbst erstellen

Rolf Meier

Professionelle Trainingsmedien selbst erstellen

So überzeugen Sie Ihre Teilnehmer und professionalisieren Ihr Training

GABAL TrainerPraxis

Für Sabine

Bibliografische Informationen der Deutschen Nationalbibliothek

Die Deutsche Nationalbibliothek verzeichnet diese Publikation
in der Deutschen Nationalbibliografie; detaillierte
bibliografische Informationen sind im Internet über http://dnb.d-nb.de abrufbar.

ISBN: 978-3-86936-072-0

Lektorat: Dr. Michael Madel, Ruppichteroth
Umschlaggestaltung: Martin Zech Design, www.martinzech.de
Satz und Layout: Das Herstellungsbüro, Hamburg, www.buch-herstellungsbuero.de
Druck und Bindung: Salzland Druck, Staßfurt

www.gabal-verlag.de

Inhalt

Ein Wort zu Beginn 7

1 Warum der Medieneinsatz im Training so wichtig ist 9

Funktionen von Medien 9

Zusammenspiel der Medien mit anderen Faktoren des Trainings 13

Formen von Medien 16

2 Medien professionell entwickeln 20

Schritt 1: Inhalte auswählen 20

Schritt 2: Strukturierung vornehmen 22

Schritt 3: Visualisierung durchführen 23

Aus Begriffen Grafiken formen 23

Mit Mind-Maps arbeiten 31

Grundregeln der Visualisierung beachten und Struktur herausarbeiten 33

Tabellen für Vergleiche nutzen 35

Zahlen in Diagramme umwandeln 37

Gezielt mit Farben arbeiten 39

Schriften als Gestaltungselement einsetzen 41

Wahrnehmungsgesetze beachten 42

Schritt 4: Medienauswahl treffen 44

3 Lehrmedien – Unterstützung für den Trainer 45

Präsentieren 45

Beamer einsetzen 47

Overhead nutzen 49

Mit PowerPoint arbeiten 49

Alternativen zu PowerPoint suchen 52

Stellwand und Plakate als Ergänzung nutzen 53

Erarbeiten 57

Medium auswählen 58

Richtig anschreiben 60

Flipchart und Whiteboard einsetzen 63

Mit der Stellwand arbeiten 66

Präsentieren und Erarbeiten kombinieren 71

4 Lernmedien – Unterstützung für die Teilnehmer ... 74
Üben und Anwenden ... 75
Arbeitsblätter beim Üben und Anwenden einsetzen ... 78
Mit Fallbeispielen arbeiten ... 80
Mit Simulationen arbeiten ... 83
Wiederholen und Festigen ... 86
Überprüfen und Kontrollieren ... 89
Aufgaben konstruieren ... 90
Tests entwickeln ... 95
Umsetzung unterstützen ... 97

5 Schulungsskript – Hilfe vor Ort für den Trainer ... 103
Einsatzbereiche prüfen ... 104
Skript sinnvoll einsetzen ... 106
Besonderheiten bei IT-Skripten berücksichtigen ... 110
Skript erstellen ... 114
Umfang und Aufbau des Skriptes planen ... 114
Skripttext entwickeln ... 116
Skripttext formulieren ... 123
Struktur ins Skript bringen ... 140

6 Selbstlernmedien – Entlastung von der Vermittlung ... 151
Lernprozesse im Training unterstützen ... 151
Differenzierung und Individualisierung vornehmen und Training ergänzen ... 155
Schnittstelle zum E-Learning schaffen ... 158

Literaturverzeichnis ... 160

Stichwortverzeichnis ... 161

Bildnachweise ... 164

Ein Wort zu Beginn

Souverän als Trainer auftreten, einen erfolgreichen Trainingsablauf gestalten, sich selbst die Weiterbildungsarbeit vereinfachen und die Teilnehmer durch ein überzeugendes Schulungsdesign beeindrucken: Welcher Trainer wünscht sich das nicht?

Professioneller Medieneinsatz

Die gute Nachricht: Dies kann jeder Trainer erreichen. Eine der zentralen Hilfen: professionelle Trainingsmedien. Gerade beim Medieneinsatz wird schnell deutlich, wie gut ein Trainer vorbereitet ist und wie präzise er es schafft, Stoff teilnehmerfreundlich aufzubereiten. Und spätestens, wenn ein Trainer eine überladene Folie nach der anderen auflegt oder gar einzelne Buchstaben mit Motorengeräusch ins Bild laufen lässt, hat er etwas missverstanden.

Professionelle Medien für das Training zu erstellen, lässt sich lernen. Mit diesem Arbeitsbuch möchten wir Sie dabei unterstützen.

Arbeitsbuch mit Praxistipps

Unser Ziel ist es, Ihnen mit Hilfe zahlreicher praktischer Hinweise nicht nur zu zeigen, was guter Medieneinsatz bedeutet, sondern Ihnen konkrete Hilfen und Anregungen zu geben, wie Sie Ihre Medien verbessern und Ihren Medieneinsatz effektiver gestalten können.

Üben, üben, üben

Mein Tipp: Arbeiten Sie intensiv mit dem Buch, beschäftigen Sie sich mit den Übungen und erarbeiten Sie sich so Schritt für Schritt die Grundlagen für eine gute Visualisierung und einen gekonnten Medieneinsatz. Ihre Seminarteilnehmer werden es Ihnen danken!

Piktogramme geben Orientierung

Wer ein Buch über professionelles Schulungsdesign schreibt, sollte sich als Autor Gedanken machen, wie er dem Leser hilft, mit den Buchinhalten zu arbeiten. Die folgenden Piktogramme sollen Ihnen die Orientierung in diesem Arbeitsbuch erleichtern und Ihnen augenfällig anzeigen, welcher praktische Arbeitsschritt ansteht:

!	besonders wichtig	☑	Checkliste oder Arbeitshilfe
TIPP	Tipps und Tricks	z.B.	Beispiele
	Aufgaben		Sie haben sich eine Pause verdient.

Wir wünschen Ihnen viel Spaß beim Lesen, viele interessante Erkenntnisse und viel Erfolg bei der Umsetzung.

Danksagung Ein Buch entsteht nie ohne die Hilfe anderer Menschen – und darum danke ich Klaus Hanusyk und allen meinen Seminarteilnehmern für die Unterstützung.

1

Warum der Medieneinsatz im Training so wichtig ist

Als Trainer stehen Ihnen zwei wesentliche Möglichkeiten offen, die Vermittlung attraktiv und lernwirksam zu gestalten:

- durch den Einsatz der Methoden und
- die Nutzung der Medien.

Das Ziel: Abwechslungsreiche Trainings

Beide Bereiche werden bisweilen vernachlässigt. 30, 40 Minuten die Teilnehmer mit einem Vortrag zu »unterhalten«, ist dabei ebenso kritisch zu werten wie der ermüdende Einsatz nur eines Mediums – das ist meistens der berühmt-berüchtigte Beamer.

Denn: Ein Training lebt von der Abwechslung. Und diese Abwechslung ist dringend notwendig. Denn stundenlang in einer Schulung zu sitzen, ist für die meisten Teilnehmer eine sehr ungewohnte Situation, die schnell zu Konzentrations- und Lernschwierigkeiten führen kann. Es ist deshalb kein Wunder, dass – so einige Untersuchungen dazu – bis zu 50 Prozent der Teilnehmer angeben, sie hätten Schwierigkeiten mit dem Lernen im Seminar. Und damit sind wir bereits bei der ersten Funktion von Medien im Training.

Funktionen von Medien

Neue Impulse setzen

Mit Medien sorgt der Trainer für Abwechslung und setzt immer mal wieder neue Impulse, damit die Weiterbildung nicht langatmig und damit langweilig wird.

Aber es gibt noch weitere wichtige Funktionen:

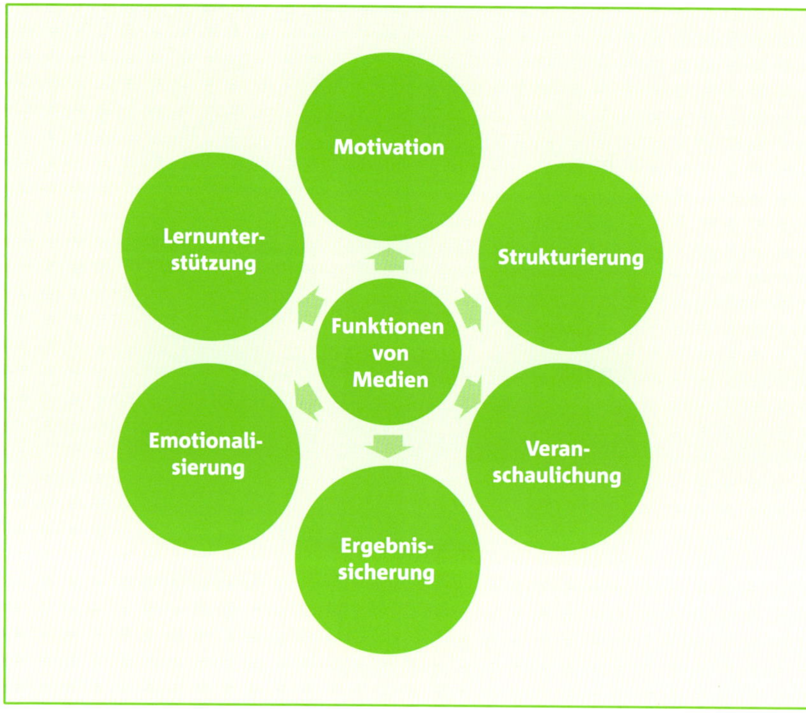

Mit Medien motivieren Bei Teilnehmern, die nur ihre Zeit im Seminar absitzen, steht am Ende ein deutlich schlechterer Lernerfolg als bei interessierten Teilnehmern. Nun kann man sich seine Teilnehmer nicht immer aussuchen: Manch einer gehört einfach zur Gruppe der »Geschickten« und der »Seminartouristen«. Sie können und sollten aber trotzdem für eine gute Motivation sorgen, und das nicht nur am Anfang der Schulung. Ein erprobtes Mittel ist dabei der Medieneinsatz. Über attraktive Medien erreichen Sie Aufmerksamkeit, über Aufmerksamkeit Konzentration und die Bereitschaft, sich mit dem Thema auseinanderzusetzen.

Mit Medien strukturieren Eine gute Strukturierung, der berühmte rote Faden, hilft den Teilnehmern, Einzelheiten einzuordnen und Zusammenhänge zu verstehen. Der Medieneinsatz ist die wirksamste Hilfe zur Strukturierung, und zwar vom ersten Überblick über die systematische Aneignung von Wissen bis zur Wiederholung. Eine klare Strukturierung sorgt für ein merklich besseres Lernergebnis.

Veranschaulichen Menschen lieben Bilder, Bilder helfen lernen. Auch viele Trainings sind immer noch (zu) oft ausgerichtet auf die Vermittlung abstrakter Strukturen. »Begreifen« erfordert etwas anderes – Sie sollten versuchen, Bilder in den Köpfen zu schaffen. Das gelingt Ihnen über sprachliche Mittel wie Beispiele und Vergleiche, aber natürlich auch mit Grafiken, Fotos und Gegenständen.

Ergebnisse mit Medien sichern

In aller Regel reicht es im Training nicht, einen Zusammenhang nur ein Mal zu erläutern oder diesen ein Mal mit den Teilnehmern zu erarbeiten. Die Teilnehmer müssen die Möglichkeit haben, sich wiederholt mit dem Stoff zu beschäftigen – möglichst aus unterschiedlichen Blickwinkeln. Übungen und Wiederholungen sind probate Mittel, um dies zu sichern. Lernkontrollen dienen ebenso dazu, Lernerfolge zu erreichen. Und der Einsatz der Medien hilft Ihnen dabei.

Trainings mit Medien emotionalisieren

Dieses Prinzip ist vielen Trainern in seiner großen Bedeutung nicht bewusst. Wenn der Stoff mit Hilfe von Gefühlen transportiert wird, bleiben die Eindrücke deutlich länger haften.

Das Prinzip kennen Sie aus dem Alltag: Sie erinnern sich noch gut an Situationen, die eine besondere Bedeutung für Sie hatten, weil diese Situationen für Sie mit Gefühlen verbunden waren und sind. Viele andere Dinge, die Sie innerlich nicht berührt haben, haben Sie hingegen vergessen.

z.B.

> Was haben Sie am 25. April 2001 zu Mittag gegessen? Sie wissen es nicht mehr? Das ist normal, denn das ist für Sie ohne Belang, zumindest im Nachhinein.
>
> Was haben Sie am 11. September 2001 gemacht, als Sie von dem Anschlag auf das World Trade Center gehört haben? Das wissen Sie wahrscheinlich noch. Denn diese Situation war sehr emotionalisiert.

Emotionalisierungen erreichen Sie durch witzige, spannende und skurrile Momente. Dazu eignen sich Medien – etwa Beispiele aus der Presse, Videos oder Comics – besonders gut.

Mit Medien Lernprozesse unterstützen

Alle genannten Prinzipien fördern das Lernen und das Behalten und führen zu einem besseren Verständnis und nachhaltigen Lernen. Zwei Dinge kommen hinzu:

- Abstrakte Zusammenhänge werden primär in der linken Gehirnhälfte abgespeichert, Bilder in der rechten Gehirnhälfte. Durch Visualisierung und durch den Einsatz von Medien haben die Teilnehmer nach der Schulung zwei Möglichkeiten, auf das Gelernte zuzugreifen. Und zwei Möglichkeiten sind sicher besser als nur eine allein.

- Es gibt unterschiedliche Lerntypen. Grob lassen sich drei Typen unterscheiden:

Lerntypen beachten

Drei Lerntypen

Er lernt am besten über visuelle Eindrücke. Für ihn ist eine gute Visualisierung ganz besonders wichtig.

Er lernt bevorzugt über das Ohr, über das Hören. Für ihn wäre ein Medieneinsatz nicht unbedingt erforderlich.

Diesem Lerntyp machen Sie eine Freude, wenn er Dinge in die Hand nehmen kann, etwa das Modell eines Gehirns. Er lernt am besten, wenn er Dinge im wahrsten Sinne des Wortes »begreifen« kann.

Mischtypen

Die meisten Menschen sind allerdings Mischtypen, mit mehr oder weniger ausgeprägten Präferenzen. Ein weiterer Grund, warum Medieneinsatz so wichtig ist.

Zusammenspiel der Medien mit anderen Faktoren des Trainings

Training ist ein Prozess, an dem unterschiedliche Faktoren beteiligt sind und miteinander in Interaktion stehen. Da machen auch die Medien keine Ausnahme. Wenn Sie die Regeln des Zusammenspiels kennen, können Sie Ihre Weiterbildungen besser steuern.

Trainer und Medien

Trainer favorisieren bestimmte Medien. Der eine ist PowerPoint-Fan, der andere arbeitet am liebsten am Flipchart. Moderne Medien wie das interaktive Whiteboard hingegen lehnt so mancher Trainer ab, weil er die Handhabung als zu kompliziert empfindet.

Keine Angst vor Vielfalt

Allerdings: Damit schränken Trainer automatisch die Auswahl der Medien ein – was zu einem unangemessenen und einseitigen Einsatz bestimmter Medien führen kann.

Teilnehmer und Medien

Auch Teilnehmer bevorzugen bestimmte Medien, was oft damit zu tun hat, dass sie unterschiedlichen Lerntypen angehören. Deshalb können die Präferenzen sehr weit auseinander gehen.

Bei älteren Teilnehmern zum Beispiel ist bisweilen zu beobachten, dass Sie »neumodische« Medien ablehnen. Ein Grund kann aber auch ein unangemessener Medieneinsatz sein. Denn der schnelle Wechsel der Bilder kann für ältere Menschen ein Problem sein.

Rahmenbedingungen beachten

Medien lassen sich nur dann gut im Training einsetzen, wenn die Rahmenbedingungen stimmen. Selbstverständlich müssen die Medien erst einmal vorhanden sein.

Trainieren Sie 50 Leute in einem Raum, der einem Schlauch ähnelt, können Sie Medien wie das Flipchart kaum nutzen, weil die Schrift in den hinteren Reihen einfach nicht zu lesen ist. Und manchmal fehlen schlicht Verdunkelungsmöglichkeiten oder eine Projektionsfläche.

Medien und Inhalte aufeinander abstimmen

Zur Vermittlung bestimmter Inhalte benötigen Sie bestimmte Medien. Sie können beispielsweise die Funktionsweise des Gehirns anhand einer Grafik erläutern, Sie können aber auch ein Modell oder einen animierten Film zum Thema einsetzen. Andererseits lässt sich die Struktur des Gehirns vielleicht besser anhand eines Schemas erklären und dann vielleicht noch anhand eines Modells verdeutlichen.

Medien, Ziel und Kontrolle

Die Ziele spielen eine besondere Bedeutung beim Medieneinsatz. Sie sind Ausgangspunkt für die Überprüfung des Erfolgs des Trainings und damit für alle Lernkontrollen. Denn mit den Lernzielen definiert man das gewünschte Ergebnis der Weiterbildungsveranstaltung.

Was in den Zielen festgelegt ist, sollte auch Gegenstand der Überprüfung der Lernergebnisse sein, also der *Kontrolle*.

Medien und Methoden

Des Weiteren gibt es einen engen Zusammenhang zwischen Zielen, Methoden und Medien. Dieser Zusammenhang ist für die Trainingsplanung von zentraler Bedeutung. Bei der Wissensvermittlung oder – fachspezifisch ausgedrückt – bei den kognitiven Lernzielen können Sie zwei verschiedene Intentionen unterscheiden, nämlich *kennen* und *können*. Diesen beiden Basiszielen lassen sich fünf verschiedene Intentionen zuordnen:

Basisziel	Lernzielstufe	Intention
kennen	kennen	Die Teilnehmer sollen einen Überblick über ein Fachgebiet erhalten.
	verstehen	Die Teilnehmer sollen Begriffe und Zusammenhänge verstehen.
können	anwenden	Die Teilnehmer sollen das Wissen in Praxisübungen anwenden.
	analysieren	Die Teilnehmer sollen Vorgänge, Fälle analysieren.
	beurteilen	Die Teilnehmer sollen Situationen analysieren und geeignete Maßnahmen entwickeln.

Vortrag und Gespräch als Vermittlungsmethode

Steht Übersichtswissen im Mittelpunkt, können Sie als Vermittlungsmethode auf den Vortrag zurückgreifen. Mit der Methode können Sie in kurzer Zeit viel Wissen vermitteln, wobei Sie sich aber stets fragen sollten, wie viel davon tatsächlich bei den Teilnehmern »hängen« bleibt.

Wollen Sie absichern, dass die Teilnehmer Zusammenhänge verstanden haben, reicht der Vortrag nicht mehr aus. Denn es ist die einzige Methode im Training, bei der Sie ohne eingebaute Kontrolle des Lernfortschritts auskommen müssen. Deshalb müssen Sie (mindestens) zur Methode des Gesprächs mit den Teilnehmern greifen. Die Antworten zeigen Ihnen, ob die Teilnehmer Ihnen folgen (können).

Immer nach optimalem Medieneinsatz fragen

Wenn die Teilnehmer das Wissen anwenden sollen, sind Übungen angebracht. Ähnliches gilt bei den Zielen *analysieren* und *beurteilen*. Hier sollten Sie mit Praxisfällen arbeiten, die gemeinsam besprochen werden, am besten in der Gruppe.

Von den Methoden ist es dann nur noch ein kleiner Schritt zu den Medien. Denn bestimmte Methoden verlangen geradezu nach bestimmten Medien. So eignet sich für die Unterstützung eines Vortrags besonders gut der Beamer. Zur Unterstützung einer Übung sollten Sie besser auf ein Arbeitsblatt zurückgreifen.

Formen von Medien

Bei Medien gibt es verschiedene Formen, die wiederum unterschiedliche Funktionen haben – angefangen beim Arbeitsblatt und Zeitungsausschnitt über Folien und Karten bis zu Filmen und Geräten wie dem Computer.

Gliederung der Medien

Es gibt viele verschiedene Möglichkeiten, die unterschiedlichen Medien zu gliedern, etwa nach der Art der Aufnahme in

- visuelle (Folie, Arbeitsblatt, Tafel, Dias),
- auditive (Schallplatte, Kassette, Hörfunk) und
- audiovisuelle Medien (Film, Fernsehen, Video, Tonbildschau)

oder nach ihrer Nähe zur Wirklichkeit in

- reale Medien (Computer, Werkzeuge),
- Nachbildungen (Modelle, Experimente),
- Abbildungen (Fotos, Filme) und
- symbolische Darstellungen (Grafiken, Texte).

Verschiedene Seminarphasen – verschiedene Medien

Geht man von ihrer Funktion im Training aus, begleiten Medien die beiden Hauptphasen eines Trainings:

- Wissen vermitteln und
- Gelerntes festigen.

Lehrmedien einsetzen

In der ersten Phase steht der Trainer im Mittelpunkt. Er sorgt dafür, dass seine Teilnehmer neues Wissen erwerben, Zusammenhänge verstehen lernen, Erfahrungen systematisieren. Zur Unterstützung dieser Vermittlungsprozesse stehen die Lehrmedien zur Verfügung.

Lehrmedien werden oft auch als Präsentationsmedien bezeichnet. Die Bezeichnung ist aber nicht ganz korrekt, denn das Wissen kann ja auch im Gespräch erarbeitet werden. Lehrmedien sind etwa der Beamer, das Flipchart oder die Stellwand.

Lernmedien nutzen

In der zweiten Phase des Trainings gilt es, das Gelernte anzuwenden und den Lernerfolg abzusichern. Das geschieht mit Unterstützung der Lernmedien. Lernmedien sind etwa Arbeitsblätter, Merkblätter oder Lernkontrollen. Hinzu kommt die Aufgabe, die Umsetzung des Gelernten in der Praxis vorzubereiten und zu begleiten. Das können spezielle Umsetzungshilfen sein, aber auch das bekannte Schulungsskript.

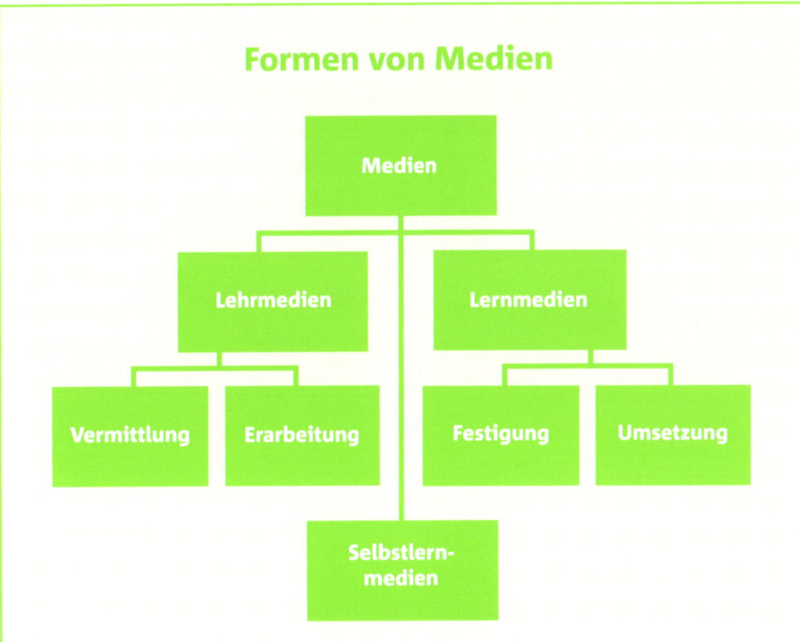

Lehrmedien wie das Flipchart kommen aber auch bei der Festigung des Gelernten zum Einsatz, etwa bei der Auswertung von Übungsphasen.

Sonderstellung: Selbstlernmedien

Eine Sonderstellung nehmen die Selbstlernmedien ein, denn mit ihnen verlassen wir den Rahmen des Trainings. Selbstlernmedien sind zum Beispiel schriftliche Lerntexte, Schulungsfilme und Computer-Lernprogramme. Selbstlernmedien lassen sich gut im Training nutzen – leider wird diese Tatsache von vielen Trainern nicht berücksichtigt. Denn Selbstlern medien sind eine Fundgrube für gut aufbereitete Medien.

Anschaulichkeit der Medien

Jede der genannten Einteilungen der Medien hat ihre Berechtigung: So wird die Einteilung in visuelle, auditive und audiovisuelle Medien dann wichtig, wenn man weiß, dass Erwachsene unterschiedlich gut durch Aufnahme über das Gehör oder das Auge lernen. Deshalb sollten Sie als Trainer auf beide Gruppen Rücksicht nehmen.

Je näher ein Medium an der Wirklichkeit ist, desto anschaulicher ist es. Allerdings gibt es Ausnahmen: Eine Nachbildung oder Abbildung kann die Merkmale eines Gegenstandes in bestimmten Fällen viel deutlicher herausarbeiten – und damit einen höheren Stellenwert für das Lernen haben als die Verwendung des realen Gegenstandes.

Differenzierter Medieneinsatz

Außerdem lässt sich nicht jeder Lerngegenstand mit in die Schulung bringen. Meistens ist die Kombination von realem Gegenstand und Abbildung oder Nachbildung die beste Lösung.

z.B.

> Zur Erläuterung der Begriffe »Inland – Ausland – Gemeinschaftsgebiet usw.« im Zusammenhang mit der Umsatzsteuer kann die Projektion einer Landkarte mit den Umrissen von Deutschland und Europa die Abgrenzung der einzelnen Gebiete besser verdeutlichen als eine theoretische Erläuterung.

Grundsätze professionellen Medieneinsatzes

Generell gelten beim Medieneinsatz folgende Grundsätze:

- *So anschaulich und realitätsnah wie möglich*
  Die Medien sollten aber auch den Lernprozess unterstützen, indem sie Strukturen und Zusammenhänge vermitteln helfen.
- *Nicht zu viel auf einmal*
  Zu viele Medien auf einmal können für den Lernerfolg ebenso hinderlich sein wie ein zu langer Einsatz eines Mediums, etwa eines einstündigen Films. Der Medieneinsatz darf nicht zum Selbstzweck werden. Nur bei einem gezielten und sparsamen Einsatz erfüllen Medien ihren Zweck: die Anschaulichkeit zu erhöhen und zu einem besseren Lernergebnis beizutragen.
- *Die Inhalte müssen passen*
  Medien müssen exakt auf die Inhalte abgestimmt sein. Sie dienen der Verdeutlichung von Inhalten. Was gezeigt wird, muss mit dem aktuellen Thema übereinstimmen. Setzen Sie also keine Folie und keinen Film ein, der nicht deckungsgleich ist mit Ihren Intentionen.

Trainer als Medienexperte

Es ist selbstverständlich, dass die Medien zur Verfügung stehen und funktionieren müssen. Außerdem muss der Trainer mit der Handhabung bestens vertraut sein und für den Notfall wissen, wer die Lampe im Beamer für ihn wechseln kann.

Nehmen Sie sich Zeit zur Selbstreflexion

Sie sind am Ende des Kapitels angelangt. Überlegen Sie sich nun die Konsequenzen, die das neue Wissen für Ihre Weiterbildungen, Trainings und Seminare hat – zum Beispiel:

- Inwiefern haben Sie bisher Trainingsmedien eingesetzt?
- Wer hat sie gestaltet? Können Sie die Gestaltung übernehmen?
- Welche Medien wollen Sie zukünftig einsetzen?
- Wie kann der Medieneinsatz mit den anderen Faktoren Ihres Trainings sinnvoll kombiniert werden?

2 Medien professionell entwickeln

Ob Sie nun eine PowerPoint-Präsentation erarbeiten oder im Seminar oder Training an einer Stellwand arbeiten wollen: Die Erstellung der Medien folgt den gleichen Prinzipien – zumindest, wenn Sie auf professionelle Medien Wert legen.

In vier Schritten zum Erfolg

Wie erstellt man Lehrmedien? Alle Visualisierungen, ob eine PowerPoint-Folie oder Karten auf einer Stellwand, lassen sich auf die gleiche Art und Weise entwickeln. Die Entscheidung, welchen »Medienträger« man auswählt, steht dabei am Ende und hat viel mit den angestrebten Zielen und der Methodenwahl zu tun. Vorher sollten Sie sich über die Struktur der Darstellung und die richtige Visualisierungsform Gedanken machen. Die Erstellung einer Visualisierung erfolgt in vier Schritten:

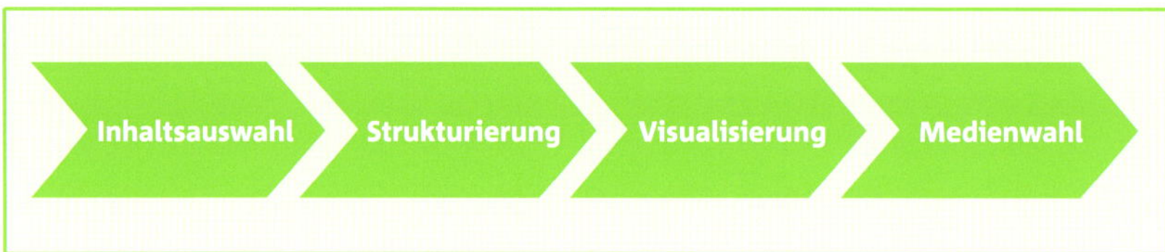

Schritt 1: Inhalte auswählen

Inhalte als Ausgangspunkt

Am Anfang jeder Überlegung zur Wissensvermittlung und zum Aufbau des Trainings im Allgemeinen und zum Medieneinsatz im Besonderen stehen die Auswahl und die Aufbereitung der Inhalte. Am besten gehen Sie folgendermaßen vor:

- Teilen Sie Ihr Training zunächst einmal in einzelne Einheiten ein. Die Dauer einer Einheit sollte 45 Minuten, maximal 60 Minuten betragen.

Trainingseinheiten festlegen

Woher kommt diese Begrenzung auf 45 Minuten? Sie korrespondiert mit dem Konzentrationsvermögen der Teilnehmer.

Die volle Aufmerksamkeit der Teilnehmer steht Ihnen im Training eigentlich nur zehn Minuten zur Verfügung. In dieser Zeit müssen Sie in ein neues Thema eingeführt und die wichtigsten Zusammenhänge vermittelt haben. Die restliche Zeit sollte für Gespräche, Übungen und Wiederholungen reserviert werden.

Aufmerksame Teilnehmer

Konzentrationsfähigkeit

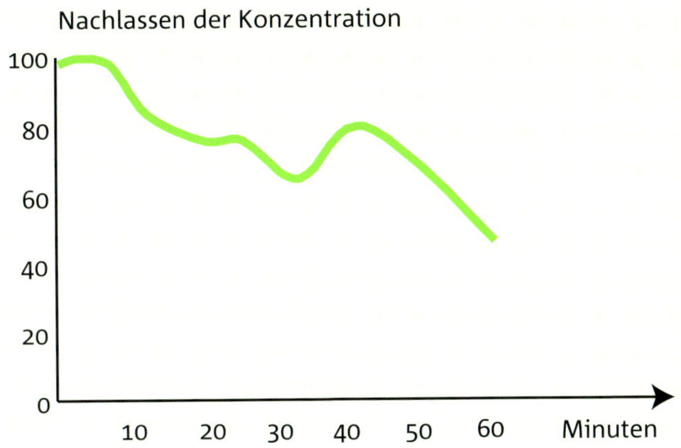

Thema und Inhalte festlegen

- Legen Sie für jede Trainingseinheit ein Thema fest. Die Theorie zu diesem Thema sollten Sie in zehn bis 15 Minuten vermitteln können.
- Ordnen Sie dem Thema maximal fünf Inhalte zu. Dies gilt sowohl für die Vermittlung im Vortrag als auch für die Erarbeitung im Gespräch.

z.B.

Thema:	**Risiken in Projekten**
Inhalte:	Mögliche Risiken Auswirkungen von Risiken Ermittlung von Risiken Präventive Maßnahmen Eventualmaßnahmen

Falls Sie schriftliche Unterlagen einsetzen, können Sie den Umfang leicht abschätzen: Eine Seite Text entspricht in etwa einem zu vermittelnden Inhalt.

Visualisierungen festlegen

- Bestimmen Sie, *was* Sie visualisieren wollen. Die Regel lautet: Immer, wenn ein neues Thema angesprochen wird, neue Begriffe eingeführt, Zusammenhänge erläutert, Strukturen geschaffen, Bilder in den Köpfen der Teilnehmer geschaffen werden sollen, ist eine Visualisierung sinnvoll. Anders ausgedrückt: Es sollte keine Vermittlung oder Erarbeitung im Unterricht geben, die nicht durch den Medieneinsatz unterstützt wird.

Schritt 2: Strukturierung vornehmen

Jetzt gilt es, die oft sehr komplexen Zusammenhänge herunterzubrechen und für die Teilnehmer zu erschließen. Das darf aber nicht dazu führen, dass die Inhalte zu stark vereinfacht und damit verzerrt weitergegeben werden.

Pädagogische Prinzipien beachten

Überlegen Sie zunächst, wie Sie den Teilnehmern eine Übersicht ermöglichen können, um Detailinformationen besser einordnen zu können. Danach entscheiden Sie, in welcher Reihenfolge Sie welche Informationen vermitteln wollen. Dabei können Sie sich vier pädagogischer Prinzipien bedienen, die sich in der Schulpädagogik seit vielen Jahren bewährt haben:

- vom Leichten zum Schweren
- vom Bekannten zum Unbekannten
- vom Konkreten zum Abstrakten
- vom Nahen zum Fernen

Was ist diesen Prinzipien gemeinsam?

____

____

____

____

Die Prinzipien orientieren sich alle am Lernen der Teilnehmer und versuchen, die Lernenden dort abzuholen, wo sie stehen, und Schritt für Schritt in die – abstrakte, komplizierte, unbekannte – Materie hineinzuführen.

Deduktives und induktives Vorgehen

Grundsätzlich gibt es dabei zwei Vorgehensweisen:

- Beim deduktiven Verfahren wird mit allgemeinen Prinzipien angefangen und daraus Detailwissen abgeleitet.
- Beim induktiven Verfahren ist das Vorgehen genau umgekehrt: Erst werden Alltagserfahrungen und -fälle besprochen, dann daraus auf Gemeinsamkeiten und allgemeine Regeln geschlossen.

TIPP

Auch Ihre Visualisierungen sollten entsprechend diesen Prinzipien aufgebaut sein. Holen Sie Ihre Teilnehmer immer dort ab, wo sie stehen – nämlich bei ihren Kenntnissen und bei ihren Erfahrungen.

Schritt 3: Visualisierung durchführen

Jetzt kommen wir zu dem wichtigen und zeitintensiven Schritt der Visualisierung.

Aus Begriffen Grafiken formen

Ein einfaches Verfahren, um schnell zu guten Visualisierungen zu kommen, setzt bei den zu vermittelnden Begriffen an und besteht aus mehreren Arbeitsphasen:

Grafiken kreieren: Arbeitsphasen

Arbeitsphase 1: Sie bestimmen, welchen Zusammenhang Sie visuell darstellen wollen.

Fast jeder Zusammenhang lässt sich auch als Grafik darstellen. Das einzige Problem könnte die Überfrachtung sein. Und manchmal sind es lediglich einzelne Sätze, die sich gut visualisieren lassen.

Zusammenhang bestimmen

z.B.

Zu einem Training gehören sieben Faktoren: der Trainer, die Teilnehmer, die Zeit, die Ziele und die Inhalte, die Methoden und die Medien.

Textabschnitte visualisieren

Manchmal ist es aber auch ein ganzer Textabschnitt, der visualisiert werden muss – wie das funktioniert, soll am folgenden Beispiel gezeigt werden.

z.B.

Es geht um folgenden Beispieltext: Wenn Erwachsene an Seminaren teilnehmen und Neues lernen, stellen sie sich immer zwei Fragen:

- **Frage 1:** Ist der Lerninhalt für mich wichtig? Lautet die Antwort »Nein«, brechen sie meist den Lernprozess ab.
- **Frage 2:** Ist die Aufgabe für mich nicht zu schwer? Auch hier werden sie abbrechen, wenn sie keine positive Antwort finden.

Arbeitsphase 2: Sie suchen die zentralen Begriffe aus dem Text heraus.

Wichtige Begriffe auswählen

In Grafiken sollten Sie grundsätzlich keine ganzen Sätze einfügen, denn diese stehen ja schon im Text. Sie wollen im Unterricht nicht vorlesen, sondern Zusammenhänge erläutern. Nur in Ausnahmefällen sollten Sie deshalb Sätze verwenden, etwa bei Zitaten, bei Gesetzen und Merksätzen.

Schlüsselwörter beachten

Wichtig ist dann, die Schlüsselwörter herauszusuchen. Schlüsselwörter sind zentrale Begriffe, die die Aussage tragen, die Sie vermitteln wollen. Diese Schlüsselbegriffe stellen die Grundlage für Ihre Visualisierung dar.

Suchen Sie aus dem Beispieltext die Schlüsselwörter heraus. Schreiben Sie sie auf.

____

____

____

____

Dazu noch ein Tipp:

TIPP

Beschränken Sie sich auf maximal sieben Schlüsselbegriffe, sonst wird die Grafik zu unübersichtlich und meist auch die Schrift zu klein. Und wenn Sie das nicht schaffen: Eine obere Grenze liegt bei neun Begriffen. Der Grund ist einfach: Mehr Begriffe können sich Ihre Teilnehmer nicht gleichzeitig merken.

Arbeitsphase 3: Sie stellen einen Zusammenhang zwischen diesen Schlüsselbegriffen her.

Schlüsselbegriffe verknüpfen

Die einzelnen Elemente stehen in einem Kontext.

	Die Beziehungen lassen sich als Verbindungen oder als Folgen darstellen. Sie gehören zu einer Gruppe, sie sind gleichgestellt, über- und untergeordnet.
	Analysieren Sie den Zusammenhang zwischen den Begriffen. Welche sind die Oberbegriffe, welche Unterbegriffe? Was gehört zusammen?
	Diese Beziehung können Sie neben räumlicher Nähe auch durch Einrahmungen und Farbgebung verdeutlichen.
	Durch die Größe der Kästchen und die Stärke der Striche können Sie Gewichtungen vornehmen.
	Beziehungen können Sie überdies durch Verbindungslinien oder Pfeile symbolisieren.

Arbeitsphase 4: Sie suchen die passende Darstellungsform heraus.

Darstellungsform bestimmen

Jetzt gilt es, die Struktur in der passenden Form darzustellen. Die einfachste Form, Präsentationen zu gestalten, ist die Arbeit mit Stichpunktlisten. Doch dies ist nur eine mögliche Form der Strukturierung – und oft nicht die beste.

TIPP

Überprüfen Sie bei allen Folien, bei denen Sie Stichpunktlisten nutzen, ob eine andere Struktur nicht eine größere Aussagekraft besitzt.

Folge und Zyklus

Überlegen Sie immer, ob es sich um *Schritte* handelt. Dann haben Sie zwei Darstellungsformen zur Verfügung, je nach Zusammenhang. Bei der ersten unterscheiden Sie zwischen »Folge« und »Zyklus«:

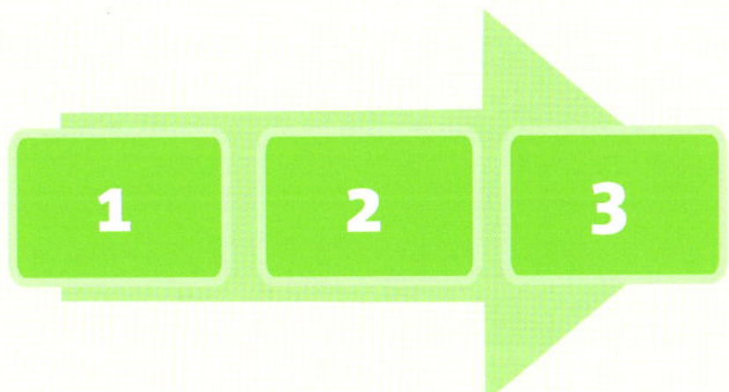	**Folge:** Es gibt eine bestimmte Reihenfolge von Schritten oder Ereignissen.
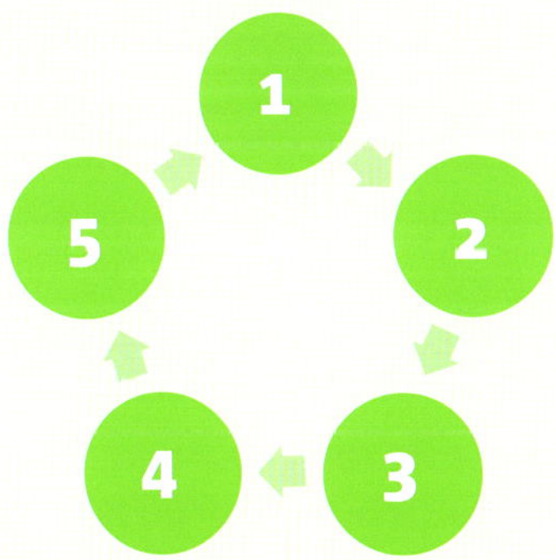	**Zyklus:** Es gibt Einzelschritte, die zum Ausgangspunkt zurückführen.

Reihung und Hierarchie

Als zweite Möglichkeit kann es sich um ein Nebeneinander von Begriffen oder um eine Hierarchie handeln. Dann haben Sie mit der »Reihung« und »Hierarchie« weitere Möglichkeiten:

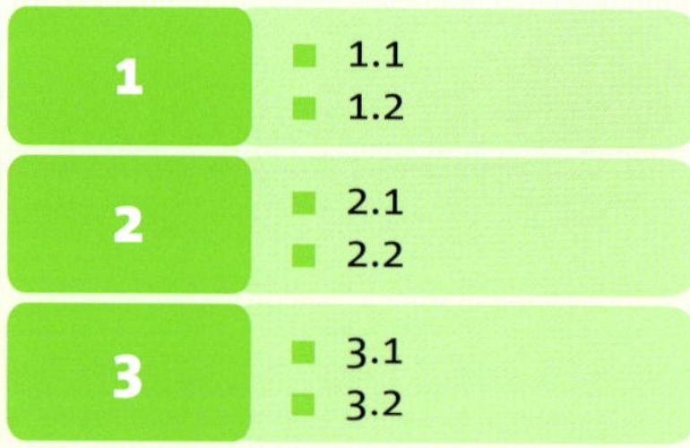

Reihung: Es gibt Begriffe, die nebeneinanderstehen und verschiedene Merkmale haben.

Hierarchie: Bei den Begriffen gibt es Oberbegriffe und Unterbegriffe.

Listen, Tabellen, Vergleiche

Verbleibt noch die Möglichkeit, Dinge miteinander zu vergleichen – dies geschieht mit Hilfe von Listen, Tabellen und Vergleichen:

ELEMENT	ERFORDERLICH
Bücher	1
Zeitschriften	3
Notizbücher	1
Schreibblöcke	1
Stifte	3
Bleistifte	2
Textmarker	2 Farben
Schere	1 Paar

Die **Liste** ist die einfachste Form einer Tabelle.

	Punkt A	Punkt B	Punkt C	Punkt D	Punkt E
Punkt A	–				
Punkt B	87	–			
Punkt C	64	56	–		
Punkt D	37	32	91	–	
Punkt E	93	35	54	43	–

In der **Tabelle** werden Dinge miteinander verglichen.

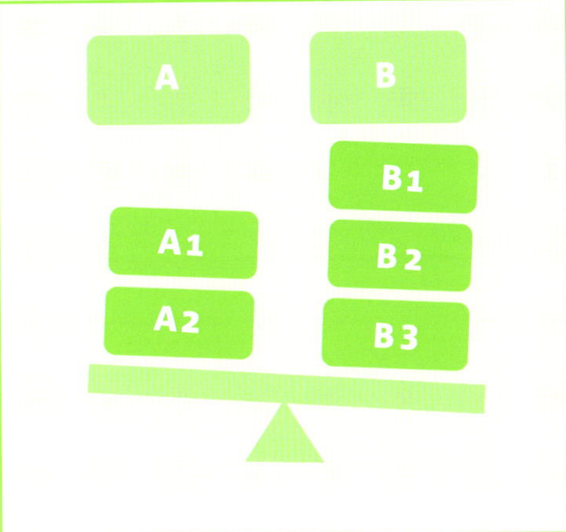

Beim **Vergleich** werden Dinge einander gegenübergestellt und gewichtet.

Vorgehen bei unspezifischen Zusammenhängen

Bei jeder dieser Formen gibt es verschiedene Varianten. Die Kunst besteht darin, die richtige Form zu finden. Wenn keiner der dargestellten Formen passt, helfen grafische Formen weiter, die unspezifische Zusammenhänge aufzeigen – dazu die folgenden zwei Beispiele:

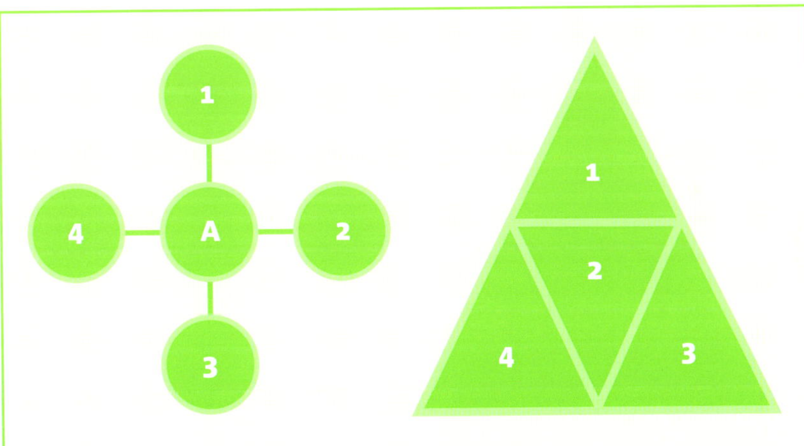

»Bilder« verwenden

Bisweilen ist es zudem möglich, Zusammenhänge auch als Bild darzustellen, etwa Ober- und Unterbegriffe in Form eines Hauses.

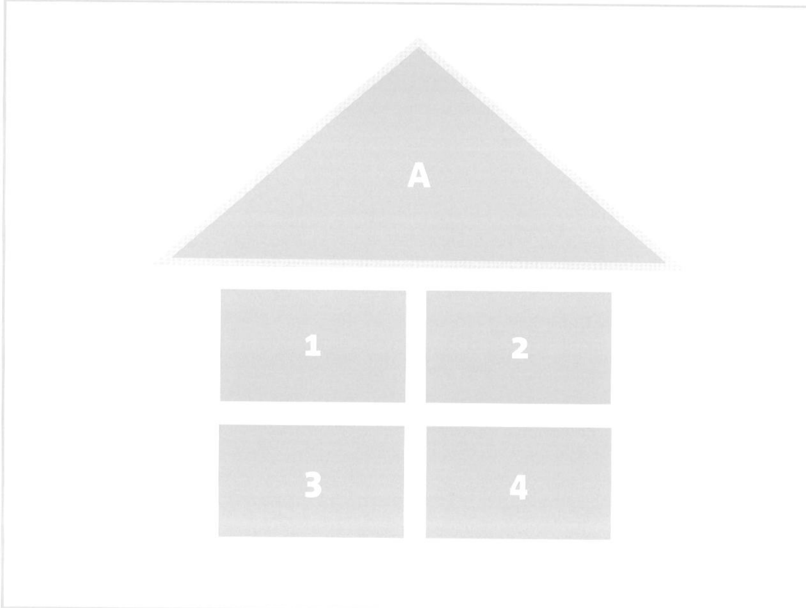

Bitte nehmen Sie sich jetzt Ihre Schlüsselwörter zu dem oben genannten Beispiel vor, suchen Sie die richtige grafische Grundform heraus und entwickeln Sie daraus ein Schaubild:

Ablaufdiagramme verwenden

Die beste Form der Visualisierung ist im Beispiel wohl ein Ablaufdiagramm, eine Sonderform der Folge:

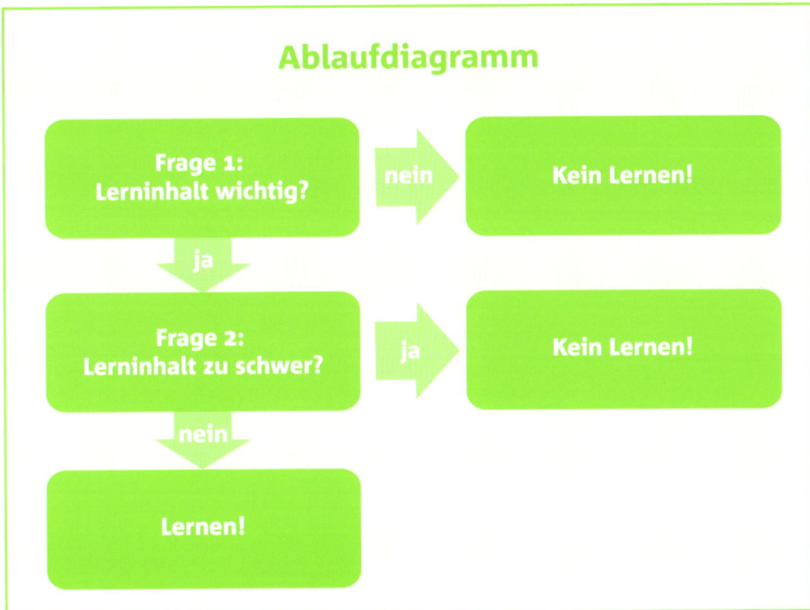

Mit Mind-Maps arbeiten

Wenn Sie einmal nicht wissen, welche Basisstruktur Sie wählen sollen, versuchen Sie es mit Mind-Mapping. Die Grundidee ist einfach: Assoziationen zu einem Thema werden gesammelt, visualisiert und gleichzeitig strukturiert. Das Ergebnis ist eine Mind-Map, eine Gedankenkarte.

Gehirn »im Kleinen«

Damit bedient sich das Mind-Mapping derselben Prinzipien wie unser Gehirn, wenn es Informationen verarbeitet: Auch hier spielen Begriffe, Assoziationen und Verknüpfungen eine wichtige Rolle.

Die weiteren Vorteile dieser Methode sind:

Nutzen der Mind-Map

- Die Reduktion auf Begriffe und Verknüpfungen zwingt zu einer klaren Strukturierung.
- Durch die grafische Darstellung werden Zusammenhänge deutlich.
- Durch die Kombination von Begriffen und Bildern werden beide Gehirnhälften aktiviert. Eine Mind-Map haftet gut im Gedächtnis.

Bitte nehmen Sie ein großes Blatt Papier im Querformat zur Hand. So haben Sie Platz, sich zeichnend in alle Richtungen auszubreiten.

Beginnen Sie mit einem zentralen Schlüsselwort, dem Thema. Schreiben Sie das Schlüsselwort in einen Kreis, symbolisch betrachtet in die Mitte eines gezeichneten Baumstamms.

Danach suchen Sie nach den Hauptgedanken (dargestellt in Unterbegriffen), die zu dem Thema gehören. Diese Hauptgedanken zweigen in der Zeichnung wie Zweige vom Stamm ab:

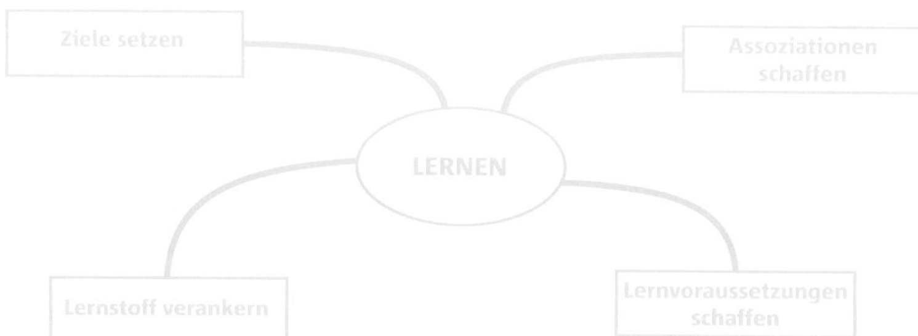

Diese Hauptgedanken können Sie durch weitere Gedanken, die sich in Unterbegriffen darstellen lassen, weiter differenzieren und als weitere Verästelungen darstellen. Zudem können Sie den Zweigen und Ästen Namen zuordnen, um damit Gedankenstränge zu dokumentieren, und durch Zahlen Prioritäten setzen.

Mind-Map erstellen: Grundsätze

Bei der Erstellung von Mind-Maps sollten Sie einige Grundsätze beachten:

- Verwenden Sie auch hier nur Stichwörter.
- Schreiben Sie die Begriffe so an die Zweige und Äste, dass Sie sie ohne Kopfverrenkungen betrachten können.
- Schreiben Sie wegen der besseren Lesbarkeit in Druckbuchstaben.
- Verwenden Sie verschiedene Farben zur Verdeutlichung von Gemeinsamkeiten, Unterschieden und Zusammenhängen.

Beachten Sie überdies die folgende Schritt-für-Schritt-Anleitung.

Grundregeln der Visualisierung beachten und Struktur herausarbeiten

Vier Grundregeln der Visualisierung

Konzentrieren Sie sich bei der visualisierenden Darstellung auf das Wesentliche. Achten Sie darauf, dass ein Bild für sich selbst sprechen kann. Für Visualisierungen gelten vier Regeln:

- Die Botschaft muss verständlich sein.
- Der rote Faden muss sichtbar sein.
- Die Darstellung muss einfach strukturiert sein.
- Die Botschaft soll im Gedächtnis haften.

Bitte sehen Sie sich die Grundregeln einmal genauer an. Suchen Sie nach einer Begründung für jede Regel.

Die Botschaft muss verständlich sein.

Ihre Begründung:

____

____

____

Der rote Faden muss sichtbar sein.

Ihre Begründung:

____

____

____

Die Darstellung muss einfach strukturiert sein.

Ihre Begründung:

____

____

____

Die Botschaft soll im Gedächtnis haften.

Ihre Begründung:

____

____

____

Das Lernen erleichtern

Visualisierungen sollen den Lernprozess unterstützen. Das gelingt aber nur bei einer Form der Schrift, die nicht erst entziffert werden muss, und einer Sprache, die verständlich ist. Dasselbe gilt für den roten Faden und die einfache Strukturierung: Diese Regeln sind Voraussetzung, damit die Botschaft leicht aufgenommen wird und im Gedächtnis haften bleibt.

Struktur beachten

Bei einer guten Visualisierung sollte man schon an der Form der Anordnung der Gestaltungselemente sehen können, welche Struktur der Aussage zugrunde liegt.

Versuchen Sie einmal herauszubekommen, was sich für eine Aussage hinter dieser Struktur verbirgt:

____

____

____

____

____

____

Eine Lösung ist, dass die Zeichen die Struktur eines Kaufprozesses visualisieren:

meint Vorüberlegungen zum Kauf, die Phase des Abwägens

meint eine Kaufentscheidung

meint den Kauf selbst

Aussagekräftige Überschriften

Jede Ihrer Visualisierungen sollte eine prägnante und aussagekräftige Überschrift haben. Wenn Sie die Überschrift formulieren, denken Sie daran, dass sie nur ein oder zwei Begriffe – also keine Sätze – umfassen und positiv formuliert sein sollte.

Tabellen für Vergleiche nutzen

Tabellen: Zusammenhänge verdeutlichen

Eine Tabelle hat zwei Funktionen: Zum einen können Sie mit ihr Zusammenhänge zwischen Begriffen und Texten deutlich machen. So sollte die Tabelle zum Einsatz kommen, wenn Sie Beziehungen zwischen verschiedenen Kategorien visualisieren wollen.

z.B.

Auftreten und Ausdruck

	sicher	aggressiv	gehemmt
Stimme	laut, klar, deutlich	brüllend	leise, zaghaft
Formulierung	eindeutig	drohend	unklar, vage
Gestik, Mimik	entspannte Körperhaltung, guter Blickkontakt	anstarren	verspannte Körperhaltung, wenig Blickkontakt

Zahlenwerte veranschaulichen

Auch wenn Sie Zahlenwerte darstellen wollen, können Sie auf Tabellen zurückgreifen. Vor allem, wenn es auf eine exakte Darstellung ankommt, sind Tabellen Diagrammen überlegen. Allerdings werden Tabellen mit Zahlen schnell unübersichtlich, die Anschaulichkeit fehlt. Das gilt bereits für zweidimensionale Tabellen mit vielen Spalten und Zeilen. Spätestens bei einer dreidimensionalen Tabelle verliert der Betrachter meist die Orientierung.

Auf folgende Punkte sollten Sie bei der Tabellenerstellung achten:

Tabellen professionell erstellen

- Jede Tabelle hat eine Überschrift.
- Alle Spalten und Zeilen sind beschriftet, die Beschriftung ist aussagekräftig.
- Die Anordnung der Begriffe in Spalten und Zeilen richtet sich nach der Logik der Beziehung zwischen den Daten.
- Die Daten sind so angeordnet, dass Zusammenhänge und Unterschiede leicht zu erkennen sind.
- Werte, die miteinander verglichen werden sollen, stehen nebeneinander.
- Zahlen stehen rechtsbündig in den Zeilen.
- Überlegen Sie, wie genau Sie den Zahlenwert wiedergeben wollen. Kommen Sie ohne Kommastellen aus?

Auf Lesbarkeit achten

Die Abstände zwischen den Beschriftungen und den Zahlenwerten sollten gering sein, damit das Auge nicht jedes Mal hin und her springen muss. Zur Verdeutlichung können Sie auch hier Hintergrundfarben nutzen. Sie können auch besonders bemerkenswerte Ergebnisse herausstellen und im Text dann darauf Bezug nehmen.

z.B.

Akzeptanz von Selbstlernmedien bei verschiedenen Altersgruppen

Medien	Alter			
	bis 35 J.	36 bis 45 J.	46 bis 55 J.	über 55 J.
Fernstudienkurse	43%	36%	21%	19%
Selbstlernkurse	42%	39%	23%	21%
Lernvideos	24%	31%	24%	23%
Lernprogramme	52%	48%	39%	28%

Zahlen in Diagramme umwandeln

Ein Meer aus Zahlen und Statistiken verwirrt die Teilnehmer. Diagramme sind deshalb meist die bessere Alternative. Nutzen Sie dabei die unterschiedlichen Diagrammtypen.

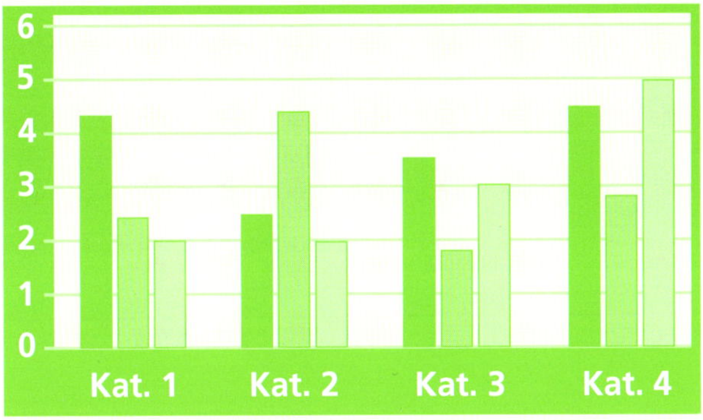

Säulendiagramme nutzen

Säulendiagramme sind gut geeignet, wenn es um die Darstellung von Reihungen geht. Die Beispieltabelle zur Akzeptanz von Selbstlernmedien ließe sich gut als Säulendiagramm darstellen.

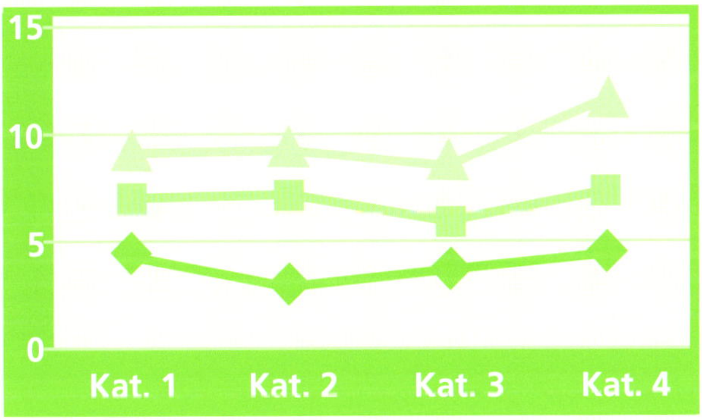

Liniendiagramme einbauen

Liniendiagramme kommen zum Einsatz, wenn viele Werte gleichzeitig dargestellt werden sollen, etwa bei der Visualisierung von Zeitreihen.

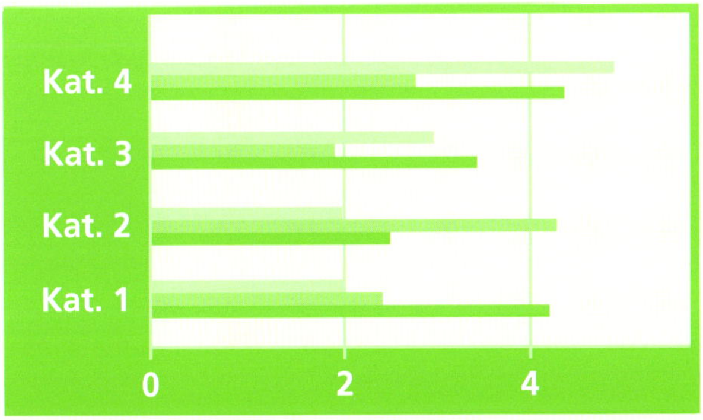

Balkendiagramme verwenden

Balkendiagramme nutzt man zur Darstellung von Rangfolgen. Das Einsatzgebiet ähnelt dem des Säulendiagramms. Balkendiagramme haben allerdings den Vorteil, dass sich die Balken besser beschriften lassen.

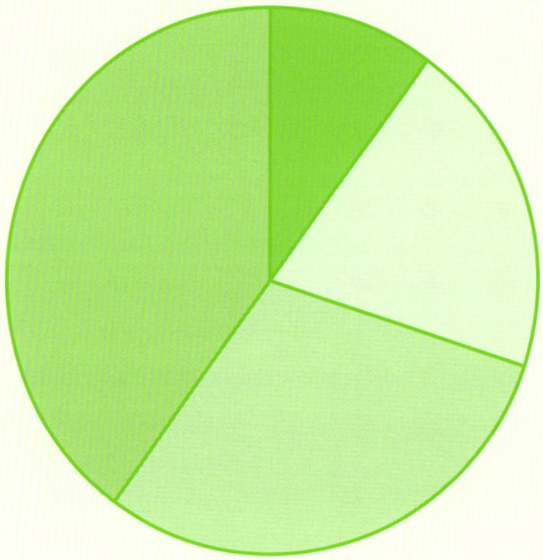

Tortendiagramme

Tortendiagramme, auch Kreisdiagramme genannt, verdeutlichen die Anteile einzelner Faktoren an einer Gesamtheit. Tortendiagramme sind leicht zu lesen. Die Form eignet sich aber nur, wenn die Zahl der Anteile begrenzt ist. Zudem lassen sich die Anteile nicht so exakt grafisch wiedergeben wie bei anderen Diagrammformen.

Neben diesen Hauptformen gibt es noch Streudiagramme. Hier wird der Zusammenhang zwischen zwei Variablen als Streuung von Einzelwerten dargestellt.

Diagramme mit Legende versehen

Viele Diagramme haben eine Legende. Überlegen Sie, ob es sinnvoll ist, sie anzulegen, oder ob Sie die Informationen nicht auch in das Diagramm über Beschriftungen integrieren können.

Sie möchten den folgenden Text als Diagramm darstellen. Für welchen Diagrammtyp entscheiden Sie sich?

Die Wirkung einer Person auf andere hängt von drei Ausdrucksmitteln ab: der Sprache, der Sprechtechnik und der Körpersprache. Am Ersteindruck ist die Körpersprache zu 55 Prozent, die Sprechtechnik zu 25 Prozent und die Sprache zu 20 Prozent beteiligt.

▶ Die passende Form ist hier das Kreisdiagramm, weil es sich um Anteile am Gesamteindruck handelt.

Gezielt mit Farben arbeiten

Farbe ins Spiel bringen

Farben sind bei der Visualisierung ein wichtiges Gestaltungselement. Denn mit Farben können Sie die Aufmerksamkeit der Teilnehmer gut lenken. Beachten Sie bitte:

Farbliche Grundsätze

- *Nutzen Sie Farben sparsam:* Zu viele Farben wirken störend und beeinflussen die Lesbarkeit negativ. Verwenden Sie maximal drei verschiedene Farben. Ihre Texte, Diagramme und Schaubilder sollten farbig sein, nicht bunt.
- *Suchen Sie harmonisch zueinander passende Farben aus:* Achten Sie auch darauf, dass die Farben miteinander harmonieren. Oft entfaltet eine Farbe allein wenig Wirkung. Die einfachste Form, Harmonien zu schaffen, ist, verschiedene Nuancen der gleichen Farbe zu wählen, etwa verschiedene Blautöne. Falls Sie mit verschiedenen Farben arbeiten, sollten Sie Ihrem Auge vertrauen. Als Hilfe können Sie den Farbkreis verwenden, Farben, die sich gegenüberstehen, passen ebenfalls gut zueinander, etwa Orange und Blau. Andere Farbkombinationen stechen sich, etwa Gelb und Blau. Übrigens: Eine gute Hilfe, Farbharmonien aufzuspüren, sind Farbharmonie-Tools, die Sie im Internet finden.

TIPP

Suchen Sie sich »Ihre Farben«, also die drei Farben, die Sie in allen Ihren Visualisierungen nutzen.

- *Benutzen Sie Farben einheitlich:* Weisen Sie einzelnen Farben einzelne Funktionen zu, etwa dem Dunkelblau die Überschriften. Die Farbe sollte ihre Bedeutung dann stets beibehalten.
- *Schaffen Sie Abwechslung durch Farbton-Nuancen:* Durch Farbton-Nuancen lassen sich Objekte oder Textpassagen abwechslungsreich hervorheben – etwa durch die Farbnuancen Dunkelgrün und Mittelgrün.

Achtung bei hellen Farben

- *Lassen Sie Vorsicht walten bei hellen Farben:* Es besteht die Gefahr, dass helle Farben nur schlecht bis gar nicht mehr erkennbar sind, spätestens nach dem Kopieren oder bei der Projektion in einem Raum ohne Abdunklung. Denken Sie daran: Auf dem Bildschirm wirken die Farben viel markanter als bei der Beamer-Projektion.
- *Achten Sie auf Kontraste:* Bei Farbkombinationen sollten Sie immer die Lesbarkeit überprüfen. Ein grüner Text auf blauem Hintergrund ist zum Beispiel kaum noch zu erkennen. Helle Farben lassen sich

auf hellem Hintergrund schlecht lesen, auch wenig intensive Farben verlieren auf der Distanz an Wirkung. Um Farben voneinander abzugrenzen, können Sie eine weiße oder schwarze Linie dazwischensetzen.

Sehgewohnheiten berücksichtigen

- *Nutzen Sie dunkle Farben für Texte und Strichzeichnungen:* Am besten eignen sich die Farben Schwarz und Dunkelblau. Rot und Grün sind Ergänzungsfarben. Das entspricht auch den üblichen Sehgewohnheiten.

!

Mit farbigen Hintergründen sollten Sie vorsichtig sein. Nehmen Sie dezente Farben und nehmen Sie nur eine Farbe. Ein knallbunter Hintergrund verringert nicht nur die Lesbarkeit, sondern wirkt auch schnell unseriös. Das trifft auch auf Hintergrundbilder zu.

Farbassoziationen

Ganz wichtig: Denken Sie beim Einsatz von Farben an die Assoziationen, die sie hervorrufen.

Bitte überlegen Sie selbst, wie die folgenden Farben auf Sie wirken.

Rot ______________________________

Blau ______________________________

Grün ______________________________

Gelb ______________________________

Farben und ihre Wirkungen

Die Farbpsychologie sagt das Folgende über die Farben:

- Rot hat Signalcharakter. Rottöne wirken warm und anregend, vor allem Orange. Ein knalliges Rot wirkt hingegen dominant.
- Blau ist nüchtern und sachlich, wirkt auf manche Menschen kalt, aber auch beruhigend.
- Grün wirkt ebenfalls entspannend und beruhigend. Die Wirkung ist oft noch stärker als bei Blautönen.
- Gelb wirkt freundlich. Eine ähnliche Wirkung hat auch Orange.

Wie Farben wirken, hat auch etwas mit der Helligkeit und der Farbsättigung zu tun. »Kalte« Farben wie Schwarz und Weiß eignen sich eher für Hintergründe, »warme« Farben wie Dunkelrot und Dunkelgrün eher für Schriften und Linien.

Kalte und warme Farben

TIPP

Bitte überprüfen Sie, wie farbige Textelemente auf Fotokopien wirken. Dies gilt besonders für farbige Hintergründe. Die beabsichtigte Wirkung sollte auch dann noch erkennbar sein und die Umwandlung in Graustufen die Lesbarkeit nicht beeinflussen.

Die genannten Regeln gelten für alle Visualisierungen, die Sie vorbereiten, zum Training mitbringen – wie etwa Ihre PowerPoint-Präsentation – oder im Laufe der Weiterbildung für sogenannte situative Visualisierungen erstellen, zum Beispiel Skizzen und Aufzählungen.

Regeln sind allgemeinverbindlich

Schriften als Gestaltungselement einsetzen

Eine gute Lesbarkeit ist die Grundlage einer jeden gelungenen Visualisierung. Hier ein paar Faustregeln:

Mit Schriften Visualisierungen optimieren

- *Achten Sie auf eine ausreichende Schriftgröße:* Die gute Lesbarkeit beginnt bei einer Größe von mindestens 18 Punkt. Für Überschriften wählen Sie mindestens eine Schriftgröße von 24 Punkt im Fettdruck. Bei kleinen Schriftgrößen sollten Sie mit Fettdruck arbeiten.

TIPP

Je größer der Veranstaltungsraum, je größer der Abstand zwischen den Medien und dem einzelnen Teilnehmer ist, desto größer muss die Schrift sein.

- *Nutzen Sie maximal drei Schriftgrößen:* Mit drei Schriftgrößen sollten Sie auskommen: eine für Überschriften, eine für Oberbegriffe oder Zwischenüberschriften, eine für den Rest, also für Stichwörter und Merksätze.
- *Achten Sie auf Schriften mit klarem Erscheinungsbild:* Dies sind zum Beispiel die Schriften Arial, Tahoma oder Avant Garde. Diese Schriften sind klar aufgebaut, einfach und gut lesbar. Vermeiden Sie Serifen-Schriften, also Schriften, deren Buchstaben »Häkchen« haben.

Nicht zu kompliziert werden

- *Beschränken Sie sich auf die mitgelieferten Standard-Schriftarten:* So ersparen Sie sich das Installieren von ausgefallenen Schriftarten auf dem PC, der Ihnen für die Präsentation zur Verfügung gestellt wird.
- *Vermeiden Sie Zier- und Schreibschriften:* Zier- und Schreibschriften sind fast immer sehr schwer zu lesen. Verzichten Sie daher auf solche Schriften, auch wenn Sie Ihnen persönlich vielleicht besser gefallen als eine neutrale Schrift.

Weniger ist mehr!

- *Beschränken Sie sich auf höchstens zwei Schriftarten:* Sie können zum Beispiel eine Schriftart für die Folientitel verwenden und eine andere für die eigentlichen Texte auf der Folie. Behalten Sie diese Formatierungen konsequent bei. Mischen Sie vor allen Dingen keine Serifen-Schriften mit serifenlosen Schriften.
- *Nutzen Sie Hervorhebungen sparsam:* Häufige Hervorhebungen durch Formatierungen wie zum Beispiel »Fett«, »Kursiv« und »Unterstrichen« stören den Lesefluss. Setzen Sie daher diese Formatierungen sparsam und gezielt ein. Schreiben Sie auch keine kompletten Wörter in Großbuchstaben. Meiden Sie Zeichenformatierungen wie »Schattiert« und »Relief«. Diese Effekte verschlechtern die Lesbarkeit zum Teil ganz erheblich.

Den Teilnehmern das Trainingsleben erleichtern

- *Formatieren Sie Textpassagen und Absätze linksbündig:* Formatierungen im Blocksatz führen zu einem schlecht lesbaren Schriftbild. Bei rechtsbündigen und zentrierten Formatierungen wechselt der Zeilenrand ständig, das Auge muss beim Lesen hin und her springen. Verwenden Sie die zentrierte Formatierung nur für Überschriften.

Wahrnehmungsgesetze beachten

Durch die Wahl der richtigen Darstellungsform, den sparsamen Einsatz von Farben und eine bewusste grafische Anordnung der Visualisierungselemente können Sie Ihre Visualisierungen gut strukturieren. Beachten Sie dabei aber auch die Wahrnehmungsgesetze.

Gesetzmäßigkeiten kennen – und berücksichtigen

Der Hintergrund: Das menschliche Auge nimmt Dinge wahr, im Gehirn werden die Daten dann interpretiert. Dabei arbeitet das Gehirn sozusagen mit Hypothesen. Um Ihre Teilnehmer nicht zu verwirren, sollten Sie drei »Wahrnehmungsgesetze« bei der Gestaltung Ihrer Visualisierungen beachten.

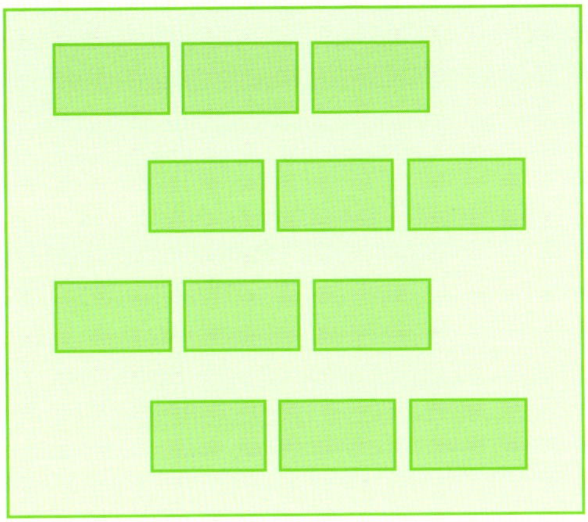

Gesetz der Nähe:

Dinge, die eng zusammenstehen, gehören auch zusammen.

Kontrastgesetz:

Dinge, die sich unterscheiden, gehören nicht zusammen.

Gesetz der Gleichheit:

Dinge, die eine ähnliche Form haben, gehören in denselben Zusammenhang.

Schritt 4: Medienauswahl treffen

Auf dem Weg zum Ziel

Sie haben die Inhalte ausgewählt, die passende Struktur gefunden und eine ebenso passende Visualisierung entwickelt. Jetzt können Sie den Medieneinsatz planen. Dabei unterstützen Sie die folgenden Kapitel.

Nehmen Sie sich Zeit zur Selbstreflexion

Sie sind am Ende des zweiten Kapitels angelangt. Überlegen Sie sich wieder die Konsequenzen, die das neue Wissen für Ihre Weiterbildungen, Trainings und Seminare hat – zum Beispiel:

- Wie gehen Sie zukünftig bei der Inhaltswahl vor?
- Was haben Sie bezüglich der Strukturierung des Trainings gelernt? Was wollen Sie wie umsetzen?
- Welche Visualisierungstechniken werden Sie in Ihre Trainingsvorbereitung aufnehmen?
- Was bedeutet dies für Ihre Medienauswahl?

3

Lehrmedien – Unterstützung für den Trainer

Sie wollen Wissen vermitteln und Zusammenhänge erläutern. Die Teilnehmer haben sich mit dem Thema aber bisher gar nicht oder nur oberflächlich beschäftigt. Dann sollten Sie auf Präsentationsmedien zurückgreifen. Das bekannteste Medium ist der Beamer. Aber es gibt auch interessante Weiterentwicklungen, vor allem das interaktive Whiteboard und den Tablet-PC.

Lehrmedien helfen »lehren«

Hinzu kommt: Sie sollten die Möglichkeit nutzen, während der Weiterbildungsveranstaltung Medien zu erarbeiten, die ein teilnehmerorientiertes Training erlauben.

Präsentieren

Ob noch Overheadprojektion oder schon Beamer: Wer hat nicht schon schlechte Präsentationen erlebt – auch im Seminarraum? Die Gründe kennen Sie, denn Sie ergeben sich aus dem, was Sie bereits über richtiges Strukturieren wissen: Der Trainer legt zu wenig Sorgfalt darauf, das, was er vermitteln will, zu durchdringen, die wesentlichen Punkte zu extrahieren und für eine klare und gut nachvollziehbare Struktur zu sorgen.

Professionell präsentieren

Also muss sich entweder der Trainer die Mühe geben, gut zu strukturieren und zu visualisieren – oder jeder einzelne Seminarteilnehmer muss versuchen, die Struktur zu erkennen, manchmal sogar zu erahnen. Spätestens, wenn Trainer lediglich vorzulesen beginnen, was auf den Präsentationsunterlagen steht, ist der Vortrag misslungen. Die Motivation und Konzentration der Teilnehmer sinkt – von einer Folie zur nächsten wird es immer schlimmer.

Prinzipien der Präsentation

Eine gute Präsentation lebt von einem guten Aufbau. Deshalb gibt es einige Prinzipien, die für alle Arten von Präsentationen gelten – die aber vielfach vernachlässigt werden:

- *Achten Sie auf ein einheitliches Layout:* Alle Folien sollten im Erscheinungsbild gleich aufgebaut sein – hinsichtlich der Farben und der Schriften. Erstellen Sie für alle Folien einer Präsentation ein einheitliches, dezentes Grund-Layout.

Neue Folie – neues Glück

- *Benutzen Sie für jedes neue Thema eine neue Folie:* Zu einer guten Gliederung der Präsentation gehört, dass Sie für jeden neuen Gedanken eine neue Folie verwenden.
- *Folgen Sie der Leserichtung:* Mitteleuropäer beginnen oben links eine Folie zu »erfassen« und arbeiten sich dann in einer Schlangenlinie durch die Visualisierung. Bauen Sie Ihre Folien analog der Leserichtung auf, alle wichtigen Infos sollten auf dieser Linie liegen.

Aufs Wesentliche konzentrieren

- *Beschränken Sie die Zahl der Informationen:* Weniger ist mehr. Fünf Wörter pro Zeile und fünf Zeilen pro Folie sind genug. Denken Sie an die Aufnahmefähigkeit Ihrer Teilnehmer.
- *Verteilen Sie komplexe Informationen auf mehrere Folien:* Komplexe Zusammenhänge sollten Sie schrittweise präsentieren. Beginnen Sie mit der Grobstruktur, verfeinern Sie sie Schritt für Schritt.
- *Stellen Sie Bilder auf die linke Seite:* Der Text gehört rechts daneben. Der Grund ist einfach: Die rechte Seite des Gehirns verarbeitet Bilder, die linke Seite dagegen Texte. Die Verarbeitung erfolgt allerdings über Kreuz.

Übersichtlich bleiben

- *Halten Sie ein Drittel der Folie frei:* Freiflächen sind wichtig, damit die zentralen Gestaltungselemente gut hervortreten.
- *Lassen Sie genügend Abstand zu den Folienrändern*: Eine Folie sollte nie »gequetscht« wirken. Das vermeiden Sie, indem Sie ausreichend Platz oben und unten sowie an den beiden Seiten lassen.
- *Platzieren Sie dieselben Elemente an dieselbe Stelle*: Das schafft Fixpunkte, und Sie vermeiden das »Rucken« von Grafiken und Texten.

Teilnehmerreaktionen vorweg nehmen

- *Probieren Sie die Wirkung aus:* Führen Sie einen Probelauf der Präsentation in dem Raum durch, in dem Sie das Training durchführen. Versuchen Sie, die Texte vom anderen Ende des Raumes zu lesen. Achten Sie besonders auf die Wirkung der Farben und die Lesbarkeit der Schriften.
- *Stellen Sie Zusammenhänge grafisch dar:* Zusammenhänge sollten Sie nicht als »Textwüsten«, sondern als Zusammenhang in Form einer Grafik visualisieren.

Beamer einsetzen

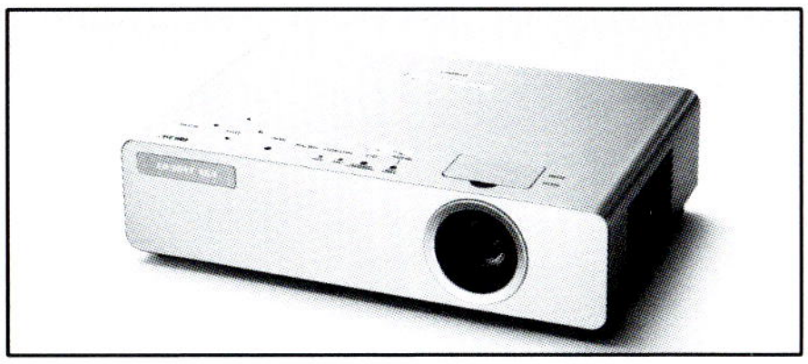

Gute alte Zeit: Bei der Arbeit mit der Kreidetafel musste man nur ein Stück Kreide haben, mittlerweile gibt es einiges mehr zu beachten. Mit dem Beamer steht Ihnen eine Fülle interessanter Möglichkeiten zur Verfügung. Besonders gut geeignet ist er, um bei einem Vortrag als Visualisierungshilfe zu dienen.

Beamer: Vor- und Nachteile

Denken Sie aber daran, nicht des Guten zu viel zu tun. Die Kunst liegt in der Beschränkung. Beim Overheadprojektor gab es früher den abwertenden Begriff der »Folienschleuder« für Referenten, die unmittelbar nacheinander eine Folie nach der anderen auflegten. Beim Beamer geht das auch, nur noch perfekter.

Beamer

Vorteile

- Folien können vor der Präsentation erstellt werden
- Präsentation vor großer Gruppe möglich
- Kombination mehrerer Folien eignet sich gut zum schrittweise Erarbeiten eines Themas
- Zusammenfassung und Wiederholung jederzeit möglich
- Blickkontakt zu den Zuhörern bleibt erhalten
- Erstellung von Kopien ist möglich
- einfache Archivierung (Wiederverwendbarkeit)

Nachteile

- Projektionsfläche muss vorhanden sein
- ausreichend Abstand zur Wand oder Projektionsfläche muss vorhanden sein
- Lüftungsgeräusche können stören

Achten Sie bei der Benutzung des Beamers vor allem auf folgende Dinge:

Beamer-Regeln

- *Machen Sie sich vorab mit der Technik vertraut:* Wie wird der Beamer ein- und ausgeschaltet? Wie kann man das Bild schwarz schalten, wie einfrieren? Wie schaltet man das Bild vom Monitor auf den Beamer um?
- *Achten Sie darauf, dass Sie nicht im Projektionsbild stehen und keine Schattenspiele veranstalten.*
- *Wählen Sie am Beamer die richtige Einstellung:* Am PC können Sie den Bildschirm so umschalten, dass sowohl der Bildschirm als auch der Monitor angesteuert wird. Meistens ist dafür die Tastenkombination [Fn] und [crt/lcd] vorgesehen. Schalten Sie den Beamer ein und überprüfen Sie die Einstellung des Modus. Beim Anschluss des Computers ist es meist »Computer« oder »rgb«.

Trainer als Beamer-Profi

- *Kontrollieren Sie die Wirkung:* Bei Standgeräten gilt: Wie oft ist die Projektion unscharf, das Bild schräg oder nur teilweise zu sehen? Überprüfen Sie vorab die Darstellung und die Sicht.
- *Schalten Sie das Gerät nicht zu früh aus – und rechtzeitig wieder an:* Der Beamer gibt Ihnen die interessante Möglichkeit, die Aufmerksamkeit auf Ihre Visualisierung zu konzentrieren. Deshalb: Schalten Sie den Projektor erst an, wenn das Bild an der Reihe ist – wenn es also dramaturgisch zum Trainingsverlauf passt. Oft empfiehlt sich eine Anmoderation. Sie erklären erst, was die Teilnehmer gleich auf der Folie sehen, dann schalten Sie den Projektor an. Und wenn das Bild projiziert ist, lassen Sie es wirken: Reden Sie erst einmal nicht.

Beamer darf nicht im Mittelpunkt stehen

Der Grund für diese Regeln ist einfach: Die Teilnehmer sollen sich auf das konzentrieren können, was Sie sagen, oder auf das, was Sie zeigen. Aus demselben Grund sollten Sie den Projektor ausschalten, wenn das Bild nicht mehr im Mittelpunkt steht. Es lenkt sonst nur ab.

An oder aus?

Sie sollten den Beamer ohnehin nicht kurzzeitig an- und dann wieder ausschalten. Der Beamer braucht eine gewisse Nachlaufzeit, um abzukühlen. Außerdem verringert das häufige Anschalten die Lebensdauer der Lichtquelle. Es gibt zwei Alternativen:

- *Schalten Sie das Bild schwarz:* Sie können am Computer das Bild schwarz schalten, damit die Teilnehmer Ihre Präsentation nicht sofort sehen. Dies geschieht mit Hilfe der entsprechenden Taste auf der Fernbedienung des Beamers.
- *Benutzen Sie Komma und Punkt:* Während der PowerPoint-Präsen-

tation können Sie auf der Tastatur mit der Taste »Komma« das Bild weiß und mit der Taste »Punkt« das Bild schwarz einfärben.

Beamer »einfrieren«

Praktisch ist es auch, auf die Freeze-Funktion an der Fernbedienung des Beamers zurückzugreifen. Damit können Sie ein Bild »einfrieren«, etwa um in der Zwischenzeit nach einer anderen Folie zu suchen.

Overhead nutzen

Lohnt es sich überhaupt noch, über den Overhead als Medium in der Weiterbildung zu schreiben?

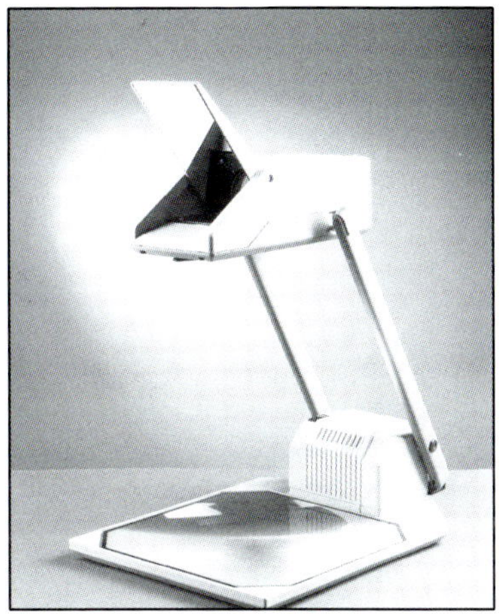

- Die Antwort lautet »Nein«, wenn Sie die vielfältigen Möglichkeiten des Beamers nutzen und mit Recht keine Veranlassung mehr sehen, auf den Overheadprojektor zurückzugreifen.
- Die Antwort lautet »Ja«, wenn Sie keinen Beamer brauchen, weil Sie fast ausschließlich mit Stellwand und Flipchart arbeiten.

Die Antwort lautet auch »Ja«, wenn Sie

Overhead: Vor- und Nachteile

- nur ab und zu einzelne Folien zeigen wollen,
- Teilnehmern eine Vorlage für eine Partnerarbeit oder eine Gruppenarbeit geben wollen, die sie verbessern sollen, oder
- Teilnehmer Ergebnisse einer Arbeitsphase vor vielen Teilnehmern präsentieren sollen.

Nutzen und Aufwand prüfen

In diesen Fällen hat der Overheadprojektor tatsächlich noch eine Funktion – die Frage ist dann natürlich, ob sich dafür der Aufwand lohnt.

Mit PowerPoint arbeiten

PowerPoint ist das bekannteste und wohl auch das einfachste Werkzeug, um Präsentationen zu erstellen, zumal das Programm auf vielen Rechnern vorinstalliert ist. PowerPoint hat zudem den Vorteil, dass es zahlreiche Zusatztools gibt.

Eine besondere Stärke von PowerPoint-Präsentationen ist die Einbindung von Grafiken, Animationen und Bildern. Beachten Sie dabei:

Grafiken, Animationen und Bilder einbinden

- *Wählen Sie einheitliche Folienübergänge:* Legen Sie sich auf eine Form des Folienübergangs fest und bleiben Sie dabei.
- *Nutzen Sie Animationen sparsam:* Animationseffekte hemmen den Präsentationsfluss, sie sollten zudem nicht vom Inhalt der Präsentation ablenken. Nutzen Sie eine gleichbleibende Form des Übergangs zwischen Folien. Sie können Animationseffekte zusätzlich nutzen, um den Fokus auf zentrale Informationen zu lenken, umfangreiche Statistiken schrittweise zu präsentieren und zeitliche Abfolgen zu verdeutlichen. Aber setzen Sie bitte auch hier solche Effekte mit Bedacht ein.

Grundsätze beim PPT-Einsatz

- *Bauen Sie Bilder ein:* Bilder sollten die Aussage unterstützen und die Inhalte verdeutlichen. Aber Achtung: Dekorative Bilder lenken eher ab. Die Farben sollten mit der weiteren Präsentation harmonieren. Achten Sie darauf, dass die Auflösung Ihrer Datei für eine optimale Darstellung ausreicht. Nachträgliches Skalieren beeinträchtigt die Schärfe negativ.
- *Konzentrieren Sie sich bei Bildern auf das Wesentliche:* Achten Sie darauf, dass ein Bild für sich selbst sprechen kann. Wenn Sie in einer Grafik lange Texte für die Beschreibung verwenden, lenken Sie den Zuschauer nur ab.
- *Gehen Sie vorsichtig mit automatisierten Übergängen um:* Automatisches »Umblättern« bringt Sie in die Verlegenheit, sich nach der Vorgabe des Computers richten zu müssen.

Abwechslungsreiche Präsentationen

- *Vermeiden Sie den Einsatz von ClipArts:* ClipArts sind nicht jedermanns Geschmack und allseits bekannt, zudem ist die Auswahl beschränkt. Benutzen Sie besser eigene Materialien. Wenn Sie sich mit dem Zeichnen schwertun, greifen Sie auf professionelle Grafiksammlungen zurück.
- *Binden Sie Ton und Video ein:* (Original-)Töne und (kurze) Videos können die Attraktivität einer Präsentation deutlich erhöhen – allerdings nur, wenn sie wirklich zum Thema passen. Seien Sie hingegen vorsichtig mit den Sound-Effekten, die Ihnen PowerPoint anbietet. Wenn Sie mit Sounds und Tönen arbeiten, sollten Sie die Qualität der Wiedergabe überprüfen. Schließen Sie bei schlechter Qualität Aktivboxen an.

TIPP

Einfache PowerPoint-Präsentationen können Sie durch Zoom-Technologie aufwerten. Wie bei einem iPhone können Sie Punkte auf dem Bildschirm auswählen und beliebig vergrößern.

- *Nutzen Sie Navigationshilfen:* Zur Navigation können Sie verschiedene Tastaturkürzel nutzen. Wichtig sind vor allem folgende Tasten:

Navigationshilfen nutzen

  - *Leertaste, Eingabetaste: nächste Folie*
  - *Rücktaste: vorherige Folie*
  - *Foliennummer + Eingabetaste: Wechsel zu einer bestimmten Folie*
  - *Beide Maustasten zwei Sekunden drücken: Rückkehr zur ersten Folie*
  - *[ESC]: Beenden der Präsentation*
  - *Während der Bildschirmpräsentation können Sie [F1] drücken, um die Liste der Tastaturkürzel einzublenden.*

Bleibt noch die Frage, wie Sie auf einzelne Punkte zeigen können. Eher ungünstig ist es, etwas auf der Projektionsfläche zu zeigen, denn dann müssen Sie sich abwenden. Die Alternativen sind:

Maus-Einsatz

- *Arbeiten Sie mit dem Mauszeiger:* Gegenüber dem Laserpointer hat der Mauszeiger den Vorteil, dass Sie die Aufmerksamkeit der Teilnehmer besser lenken können. Den Mauszeiger aktivieren Sie während der Präsentation mit der rechten Maustaste. Alternativ können Sie die Folien schrittweise aufbauen, dann können Sie meist auf das Zeigen verzichten.
- *Nutzen Sie eine Funkmaus:* Der Vorteil: mit einer Funkmaus können Sie sich im Raum frei bewegen.

TIPP

Eine gute Hilfe ist – und zwar ab der PowerPoint-Version 2007 – die sogenannte Referentenansicht. Damit können Sie sich auf Ihrem Bildschirm die nächsten Folien und Ihre Notizen anschauen, während die Teilnehmer die normale Präsentation sehen. Voraussetzung ist, dass Ihr Computer zwei unterschiedliche Monitore ansteuern kann.

Schalten Sie dazu den Monitor mit dem Beamer nicht mehr parallel, sondern klicken Sie in den Anzeigeeinstellungen des Desktops im Reiter »Einstellungen« auf »Monitor 2« und setzen Sie einen Haken bei »Windows-Desktop auf diesen Monitor erweitern«.

Alternativen zu PowerPoint suchen

Es gibt zu PowerPoint mittlerweile einige interessante Alternativen:

- **Keynote** Da ist zunächst einmal das Programm *Keynote*, allerdings nur für die Apple-Welt. Keynote hat einen ähnlichen Leistungsumfang wie PowerPoint, dazu jedoch eine Reihe interessanter Zusatzfunktionen. Präsentationen zu 44 Themen sind bereits als Vorlage integriert. 25 verschiedene Übergänge sind möglich. Keynote bietet zudem Möglichkeiten zur Bildbearbeitung. Bei Folienübergängen kann ein Objekt eingeblendet und variiert werden, etwa das Firmenlogo.
- **Impress** OpenOffice, die kostenlose Alternative zu Office, hat auch ein Grafiktool integriert. Es trägt den Namen *Impress*. Wer PowerPoint kennt, kommt mit Impress gut zurecht, denn es bietet ähnliche Funktionen und ist überdies ähnlich aufgebaut. Tabellen, Diagramme, Grafiken lassen sich schnell erstellen, Vorlagen liefert das Programm ebenfalls. Impress hat vielleicht einen Nachteil: Die Fülle an Vorlagen, die PowerPoint bietet, werden Sie bei Impress nicht finden. Allerdings: Die fertige Präsentation kann im selben Format wie PowerPoint abgespeichert und problemlos wiedergegeben werden.
- **Docs** Auch Google bietet die Möglichkeit, Präsentationen zu erstellen und gleich im Internet abzulegen. Damit sind sie allerdings auch für jedermann zugänglich. Das Programm heißt *Docs*. Docs arbeitet mit Präsentationsvorlagen, die abgeändert und ergänzt werden können. Die Folienshow wird über den Browser gestartet. Der Funktionsumfang ist beschränkt, so fehlt etwa die Möglichkeit der Folienübergänge. Dafür ist das Programm einfach zu bedienen.
- **Powerbullet** Bei der Erstellung von Webseiten oder der Entwicklung von Lernprogrammen gewinnt Flash an Bedeutung. Zu Flash gibt es ein Gratistool mit dem Namen *Powerbullet*. Die Philosophie ist hier eine andere als bei PowerPoint und bei Impress. Im Mittelpunkt stehen Vorlagen, die man mit Drag&Drop zu Seiten zusammenfügen kann. So können Sie eigene Texte erstellen sowie Grafiken, Tabellen, geometrische Formen, aber auch Sounds und Videos einbinden. Die Möglichkeiten sind beschränkt, dafür lässt sich schnell eine attraktive Präsentation zusammenstellen. Weiterhin muss man sich erst einmal mit dem Programm vertraut machen, denn das Programm verfügt über eine Fülle von Bedienungselementen. Am Ende steht eine Exe-Datei, die jeder Computer ausführt. Die Dateien können direkt in eine Webseite eingebunden werden.

Falls Sie den Aufwand scheuen, eine hochwertige Präsentation für Ihr Training zu erstellen, sollten Sie sich auf dem Markt umsehen. Es gibt auf Schulungsmedien spezialisierte Verlage, die professionell gestaltete Präsentationen anbieten.

Sehen Sie sich auch Dozentenleitfäden an, die neben Präsentationen einen Vorschlag für den Trainingsverlauf beinhalten.

TIPP

Stellwand und Plakate als Ergänzung nutzen

Jedes Training lebt von der Abwechslung. Deshalb sollten Sie neben Beamer und PowerPoint auch noch andere Medien zur Präsentation einsetzen. Zwei Möglichkeiten bieten sich an:

Einfache und komplexe Zusammenhänge

1. Der Zusammenhang ist einfach: Dann können Sie ihn mit wenig Aufwand an der Stellwand, dem Whiteboard oder dem Flipchart erläutern.
2. Der Zusammengang ist komplex: Dann müssen Sie bei PowerPoint befürchten, dass nicht alle Teilnehmer die Zusammenhänge verstehen. Lernwirksamer ist es, die Schritte nach und nach vor den Teilnehmern, vielleicht sogar mit den Teilnehmern zu erarbeiten.

Haben Sie schon einmal darüber nachgedacht, Plakate oder Karten in die Präsentation einzubauen? Sie können zum Beispiel Plakate zu Hause vorbereiten und in den Seminarraum mitbringen. Dabei haben Sie wiederum mehrere Alternativen:

Plakate und Karten

- Sie nutzen Flipchart-Blätter als Basis, beschriften sie und reichern sie vielleicht mit einer Zeichnung an.
- Sie nutzen die Fläche, die Ihnen die Stellwand bietet, und entwickeln Ihre Visualisierung auf Packpapier.
- Sie arbeiten mit Karten. Die bedrucken Karten entwickeln das Schaubild vor den Augen der Teilnehmer. Dabei können Sie mit Pfeilen Verbindungen zwischen den Karten herstellen.

Plakate können Sie auch am Computer entwerfen und dann im Copyshop auf DIN-A1 oder DIN-A0 vergrößern lassen. Das kostet nicht viel.

TIPP

»Plakativ« vorgehen

Plakate machen vor allem in zwei Trainingssituationen Sinn:

- Bei der Darstellung handelt es sich um einen grundlegenden Zusammenhang, über den Sie längere Zeit sprechen (wollen).
- Sie wollen auf die Darstellung immer mal wieder zurückkommen und sie deshalb immer verfügbar haben – indem Sie sie zum Beispiel im Raum aufhängen.

Plakate können Sie auch erstellen oder erstellen lassen – und zwar für *alle* Informationen rund um die Organisation eines Seminars, etwa zu Arbeitszeiten, Zielen, Regeln für die Arbeit im Seminar und so weiter. Dabei sollten Sie die Plakate möglichst ein Mal erstellen und dann mehrfach verwenden.

Beachten Sie dabei drei Dinge: den richtigen Aufbau, eine gute Schrift und zur Auflockerung Grafiken und Comics.

Achten Sie auf einen guten Aufbau

Planen Sie zunächst den Aufbau des Plakats: Wo soll was stehen? Sonst stellen Sie unter Umständen zu spät fest, dass Sie mit dem Platz nicht auskommen, und beginnen unleserlich, zu eng und zu klein zu schreiben.

Beachten Sie insbesondere:

- Nutzen Sie den Platz. Lassen Sie aber freie Flächen als »Ruhepole« für das Auge.
- Fangen Sie immer oben links an. Das ist auch der Punkt, von wo aus das Auge die Abbildung oder den Text »in Besitz nimmt«.
- Schaffen Sie Fixpunkte für die Augen. Fassen Sie Gleichartiges zusammen, ordnen Sie, umranden Sie, verwenden Sie aussagekräftige Überschriften.
- Achten Sie auf eine einfache Gliederung und einen einfachen Aufbau.

Benutzen Sie die richtige Schrift

Bei Plakaten, die Sie immer mal wieder einsetzen, sollten Sie »ordentlich« schreiben. Hier die wichtigsten Regeln:

Grundregeln der Plakatbeschriftung

- Schreiben Sie groß genug.
- Wechseln Sie zwischen Groß- und Kleinbuchstaben. Untersuchungen belegen, dass ein Wechsel zwischen Groß- und Kleinbuchstaben zu einem besseren Erkennen führt. Die Lesegeschwindigkeit ist bis zu 30 Prozent höher.

- Schreiben Sie gerade. Vor allem, wenn das »Ende« des Blattes naht und die Wörter nicht enden wollen, kann es schnell passieren, dass die Schrift »wegkippt«.

- Lassen Sie Schnörkel bei Buchstaben weg. Schreiben Sie die Buchstaben gleich groß. Je klarer das Schriftbild, desto einfacher sind einzelne Buchstaben zu erkennen. Bemühen Sie sich daher, in Druckbuchstaben zu schreiben.

- Halten Sie Ober- und Unterlängen kurz.
- Schreiben Sie Wörter eng zusammen, lassen Sie dafür Platz zwischen den Wörtern. Sie sehen es im Beispiel: Buchstaben, die eng beieinanderstehen, lassen sich gut lesen. Damit sparen Sie aber Platz und können die Abstände zwischen den Wörtern betonen.

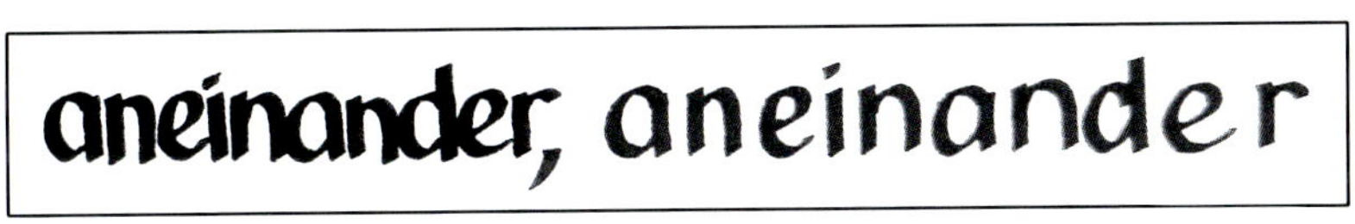

Nutzen Sie auch grafische Elemente

Moderationsmaterialien einsetzen

Nutzen Sie Moderationsmaterialien, wenn Sie Plakate vorbereiten. Die verschiedenen Formen und Farben eröffnen Ihnen interessante Gestaltungsmöglichkeiten.

Alle Äußerungen werden grundsätzlich auf rechteckige Standardkarten in der Größe 9,5 cm x 20,5 cm geschrieben. Über unterschiedliche Farben können Aufgaben und Themen differenziert werden.	
Ovale Karten oder sogenannte »Königswaben« dienen dazu, Punkte herauszustellen. Bei der Moderation werden sie für Ergänzungen und Kommentare genutzt.	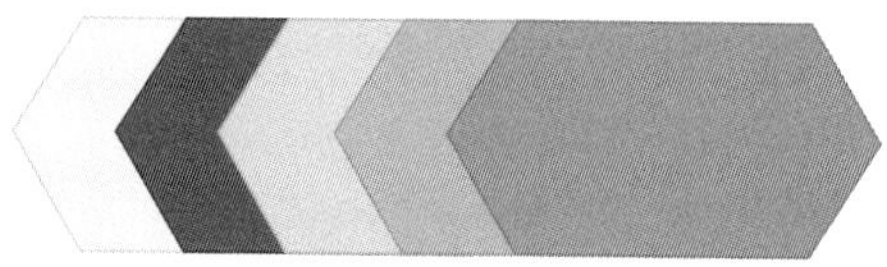
Wolken und Kartenstreifen dienen als Überschriften. Kartenstreifen werden zusätzlich zur Visualisierung von Merksätzen verwendet.	 

Kreise in verschiedenen Größen dienen als Strukturierungshilfen, etwa um Reihenfolgen zu verdeutlichen.	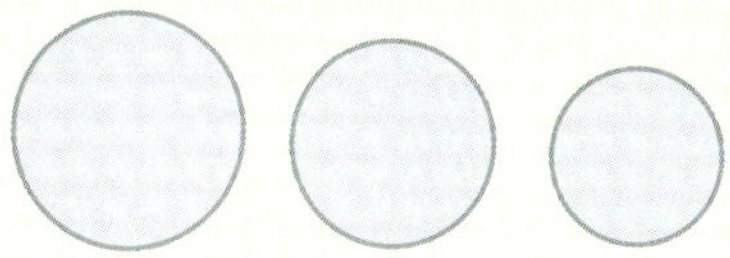
Mit Punkten können Sie Teilnehmer Themen auswählen oder gewichten lassen.	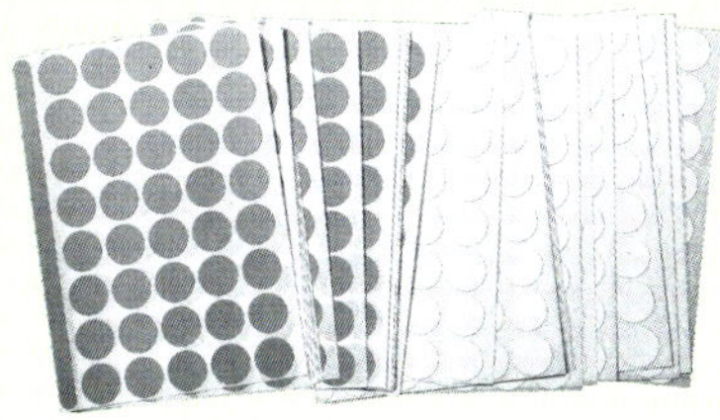

Kreative Abwechslung

Mit den unterschiedlichen Elementen, Karten und Schriften kann man sehr ansprechende Visualisierungen erstellen. Denn alle Karten gibt es in unterschiedlichen Farben. Die Kartenfarben sollten nicht zu dunkel sein, sonst lässt sich die Schrift auf den Karten schlecht lesen und schlecht abfotografieren. Sie sollten auch nicht zu grell sein.

TIPP

Arbeiten Sie möglichst mit den Farben Weiß und Gelb, als Ergänzung mit Grün und Rot. Die Farbwahl ist auch abhängig von der Farbe der Stellwand beziehungsweise des aufgezogenen Papiers.

Erarbeiten

Unterlagen selbst erarbeiten: Grafiken

Sie arbeiten mit professionellen Medien und bereiten so viel wie möglich vor. Dennoch ist es unabdingbar, dass Sie im Training das eine oder andere anschreiben, skizzieren oder in einer schnellen Grafik verdeutlichen. Das bringt Abwechslung in den Ablauf und hilft den Teilnehmern beim Lernen. Denn sie sehen, wie sich das Bild entwickelt. Das hilft ihnen, Gedanken und Schritte nachzuvollziehen.

Medium auswählen

Sie haben drei Alternativen:

1. Sie halten bei der Erarbeitung die Beiträge der Teilnehmer am Flipchart oder am Whiteboard schriftlich fest.
2. Sie arbeiten mit Stellwand und Karten, wobei Sie die Karten vorbereiten können.
3. Sie greifen auf das interaktive Whiteboard oder den Tablet-PC zurück, um dann vorgegebene Strukturen zu ergänzen.

Entscheidungsalternativen

Für welche der drei Alternativen Sie sich entscheiden, hängt von zwei Fragen ab: Zunächst einmal: Ist es möglich, die Struktur vorzugeben?

z.B.

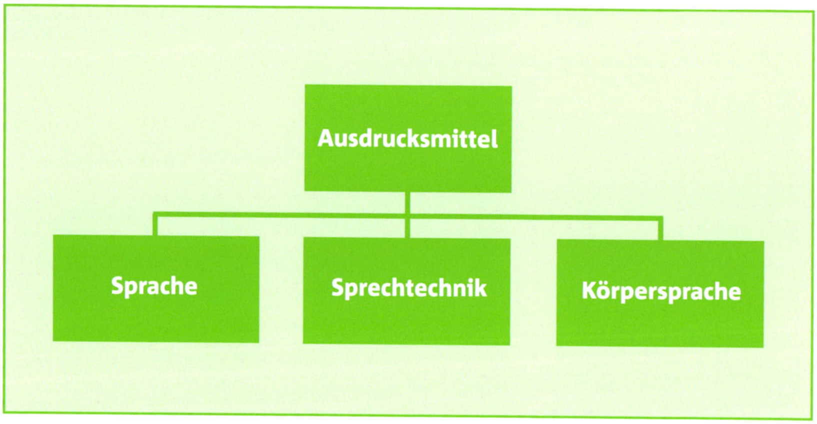

In diesem Fall können Sie gut mit dem interaktiven Whiteboard oder dem Tablet-PC arbeiten, die Struktur vorab entwickeln und dann im Training ergänzen.

Einsatz auf Trainingsverlauf abstimmen

Die zweite Frage lautet: Ist die Zahl möglicher Antworten einzugrenzen? In diesem Fall bietet es sich an, mit Karten an der Stellwand zu arbeiten. Sie erstellen die Karten und heften Sie dann an.

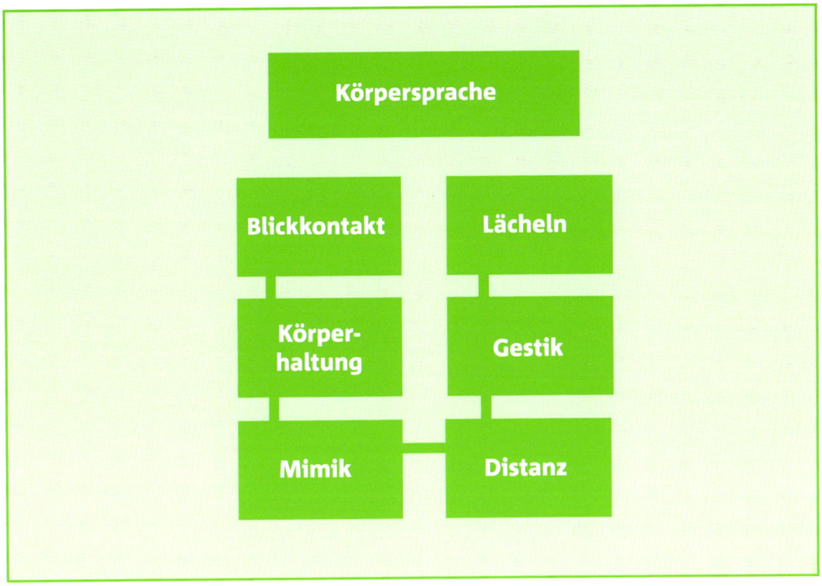

z.B.

Ergebnisse festhalten

Wenn keine der beiden Bedingungen zutrifft, sollten Sie auf das Flipchart oder das Whiteboard zurückgreifen. Die Entscheidung, welches Medium Sie nutzen, hängt von der Beantwortung einer weiteren Frage ab: Wollen Sie die Ergebnisse im weiteren Verlauf des Trainings nutzen? In diesem Fall bietet sich das Flipchart an, denn hier können Sie das Blatt Papier einfach aufbewahren.

PowerPoint nutzen – ja oder nein?

Sie können auch PowerPoint bei der gemeinsamen Erarbeitung und Systematisierung von Wissen verwenden. Zwei Dinge sprechen allerdings dagegen:

- Der Gebrauch nur eines Mediums schafft wenig Anregung und Abwechslung – die Attraktivität Ihres Trainings wird eingeschränkt.
- Bei PowerPoint müssen Sie die Teilnehmer sehr eng führen und auf ein bestimmtes Ergebnis hinleiten. Denn im Gespräch müssten die Teilnehmer ja genau die Begriffe und Zusammenhänge einbringen, die Sie vorab auf Folie festgehalten haben – und das auch noch in der korrekten Reihenfolge.

Richtig anschreiben

Anschreiben – nicht schreiben

Ob Flipchart, Whiteboard oder Stellwand – die Teilnehmer müssen das, was Sie anschreiben, gut lesen können. »Anschreiben« ist etwas anderes als »schreiben«. Beim Anschreiben malen Sie Buchstaben, und zwar so groß wie nötig und so lesbar wie möglich. Es gibt einige Regeln für lesbares Anschreiben, die Sie beachten sollten:

1. Verwenden Sie dicke Filzstifte (Moderationsstifte).
   Es gibt Stifte, mit denen man Karten beschriften kann, es gibt aber auch Stifte, die für das Anschreiben besonders geeignet sind.

TIPP Kaufen Sie sich ein Set mit den vier Farben Schwarz, Blau, Rot und Grün in zwei verschiedenen Größen. Denn nicht in allen Schulungsräumen werden Sie entsprechende Stifte finden.

Stiftauswahl und Stifteinsatz

2. Halten Sie den Filzstift richtig: Leicht schräg nach oben hat sich als beste Haltung bewährt.
3. Schreiben Sie von oben nach unten. Beim Schreiben von Buchstaben setzen Sie den Stift immer oben an. Halten Sie das Handgelenk steif, schreiben Sie mit dem ganzen Unterarm.
4. Achten Sie auf die Farbe. Am besten nutzen Sie beim Schreiben Schwarz und Blau als Grundfarben, weil sie den besten Kontrast abgeben. Rot und Grün sind Ergänzungsfarben, um etwas zu markieren oder hervorzuheben.
5. Nutzen Sie den zur Verfügung stehenden Platz. Weder sollte die halbe Fläche leer bleiben, noch sollten Sie Schwierigkeiten haben, alle Informationen unterzubringen.

TIPP Richtig schreiben muss man üben. Probieren Sie es aus.

Groß schreiben

Die Schrift sollte groß genug sein. Je größer der Raum, je größer der Abstand zwischen den Medien und dem einzelnen Teilnehmer ist, desto größer muss die Schrift sein. Schreiben Sie grundsätzlich mit der Breitseite. Denn je breiter Sie die Striche ziehen, desto besser lassen sich die Buchstaben lesen.

Gute Filzstifte haben eine schräge Spitze. Der Vorteil ist: Man kann mit ihnen verschiedene Schriftstärken produzieren, je nachdem, ob man die Breitseite, die Längsseite oder die Spitze benutzt. Kontrollieren Sie die Wirkung. Stellen Sie sich dorthin, wo Ihre Teilnehmer sitzen (werden). Ist alles gut zu erkennen?

> **TIPP**
>
> **Überprüfen Sie, wie groß Sie schreiben müssen, damit man die Schrift auch noch aus sechs Metern Entfernung gut lesen kann.**

Schriftstärke

Bei Flipchart, Stellwand und Tafel muss die Schriftstärke mindestens eine Stärke von 0,6 cm haben, also:

Lesbarkeit

Ihre Handschrift muss natürlich lesbar sein. Wenn Sie keine schöne Handschrift haben, schreiben Sie lieber in Druckbuchstaben.

Vermeiden Sie es, ganze Wörter oder gar Zeilen in GROSSBUCHSTABEN zu schreiben.

Noch schlechter zu lesen ist Vertikalschrift. Vermeiden Sie die senkrechte Anordnung von Buchstaben – Ausnahme: Sie nutzen die Anfangsbuchstaben als Merkhilfe (wie unten rechts).

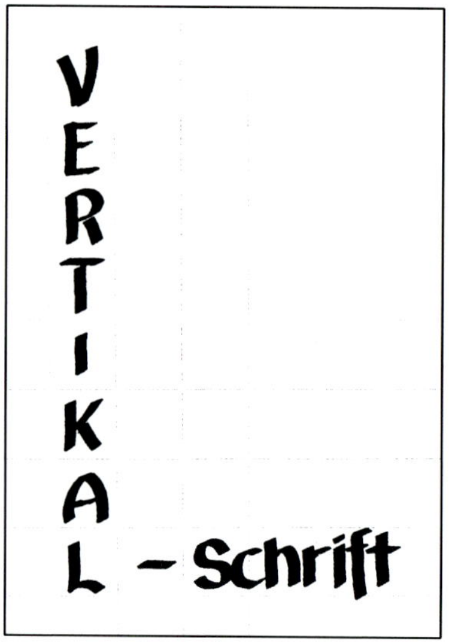

Beachten Sie zudem: Mit unterschiedlichen Schriftstärken, Schriftgrößen, Unterstreichungen und Farben kann man Wichtiges hervorheben und Strukturen bilden.

Skizzen anfertigen

Skizzieren – leicht gemacht

Zum Handwerkszeug eines versierten Trainers gehört es auch, mit ein paar Strichen eine Zeichnung zu entwickeln. Zeichnen ist nicht schwer – so können Sie Ihren Visualisierungen eine besondere Note geben. Ob Sie eine Figur oder einen Gegenstand zeichnen – beachten Sie stets:

- *Gehen Sie von Grundformen aus:* Beginnen Sie Ihre Zeichnung mit groben Umrissen, bei Figuren mit dem Kopf. Nutzen Sie dabei geometrische Grundformen wie Kreis, Ei, Birne usw.
- *Ergänzen Sie zentrale Merkmale:* Zentrale Merkmale wie Nase und Ohren skizzieren Sie mit wenigen Strichen und bedienen sich dabei wieder geometrischer Grundformen.
- *Deuten Sie Typisches mit wenigen Strichen an:* Lassen Sie Details weg. Geben Sie den Zeichnungen Charakter durch wenige markante Striche.
- *Drücken Sie Emotionen aus:* Bringen Sie Ausdruck in Gesichter, zeigen Sie Gefühle.

- *Schaffen Sie sich eine Grundfigur:* Diese Grundfigur können Sie dann variieren, je nach gewünschtem Ausdruck.
- *Fügen Sie Situationen hinzu:* Stellen Sie diese Grundfigur in verschiedenen Situationen dar.

Flipchart und Whiteboard einsetzen

Wie wichtig die Visualisierung ist, haben Sie bereits erfahren. Doch die Wahl des richtigen Mediums ist ebenso wichtig. Denn spätestens jetzt müssen Sie entscheiden, wie Sie präsentieren oder Ergebnisse festhalten wollen, und mit der Erstellung der Medien beginnen.

Flipchart und Whiteboard

Flipchart und Whiteboard ähneln sich, beide bieten die Möglichkeit zur schnellen Visualisierung. Sie können sie gut einsetzen, wenn Sie Wichtiges notieren wollen – sei es das Ergebnis eines Gesprächs oder die hauptsächlichen Punkte eines Vortrags.

Flipchart nutzen

Ein Vorteil des Flipcharts: Sie können beschriebene Blätter im Schulungsraum aufhängen. Die Teilnehmer haben dann die Merkposten oder Ergebnisse stets vor Augen.

Bewährt hat sich ein solches Verfahren auch bei anderen wichtigen Informationen für die Teilnehmer – etwa zur Themenfolge des Seminars, zu Pausen- und Essenszeiten, zu Terminen für gemeinsame Veranstaltungen in der Freizeit. Auch ein Meckerplakat, auf dem jeder jederzeit notieren kann, was ihm im Seminar nicht gefällt, lässt sich auf dem Flipchart einrichten. Sie können das Flipchart sogar zum hauptsächlichen Medium der Weiterbildung machen: Schreiben Sie dazu auf das erste Blatt die Gliederung – etwa eines Kurzvortrags, zum Beispiel eines Vortrags über Medien:

z.B.

Merkposten beim Medieneinsatz

1. Beamer
2. Whiteboard
3. Flipchart
4. Stellwand

Schreiben Sie den ersten Punkt der Gliederung auf das nächste Blatt und füllen Sie das Blatt nach und nach aus.

z.B.

Merkposten beim Einsatz der Stellwand

1. fester Stand
2. Nadeln an den Rand
3. Farben und Formen nutzen
4. mit Kleber arbeiten
5. richtig pinnen

Flipchart als Hauptmedium des Trainings

Jeder Gliederungspunkt kommt auf ein neues Blatt. Zwischendurch können Sie immer wieder auf das erste Blatt zurückgehen, um den Teilnehmern die Gliederung erneut ins Gedächtnis zu rufen. Wenn Sie die Blätter am Ende des Vortrags noch einmal durchgehen und kurz erläutern, haben Sie eine Art der Wiederholung.

Flipchart

Vorteile	Nachteile
■ einfache Handhabung	■ hoher Verbrauch an Blättern
■ frei im Raum zu positionieren	■ begrenzte Schreibfläche
■ Rückgriff auf Ergebnisse möglich	
■ Blätter können aufgehängt werden	
■ Plakate können vorbereitet werden	

Flipchart-Grundregeln

Bei der Arbeit mit dem Flipchart sollten Sie auf folgende Punkte achten:

- Prüfen Sie vorab, ob die Aufstellung korrekt ist: Sind die Blätter für alle gut zu sehen?
- Legen Sie sich das Material zurecht: Haben Sie funktionstüchtige Stifte in mehreren Farben?
- Überlegen Sie sich den Aufbau, bevor Sie mit dem Schreiben und

Skizzieren beginnen. Sie sollten nicht den »Rest« auf ein zweites Blatt schreiben müssen.

- Schreiben Sie möglichst nur Stichwörter auf. Schreiben Sie groß genug und leserlich, am besten in Druckbuchstaben. Benutzen Sie verschiedene Strichstärken.
- Verdecken Sie das Blatt nicht beim Schreiben.
- Zeichnen Sie bei komplizierten Grafiken mit Bleistift vor.
- Sprechen Sie zu Ihren Zuhörern – und nicht zum Flipchart. Die Regel lautet: Erst schreiben, dann sprechen – oder erst sprechen, dann schreiben.
- Hängen Sie wichtige Blätter im Raum auf. Blättern Sie bei Wiederholungen zurück.
- Achten Sie darauf, dass Sie genügend Flipchart-Blätter bereithalten. Denn das Wechseln der Flipchart-Blöcke kann den Trainingsablauf empfindlich stören.

Medium teilnehmer-orientiert einsetzen

Whiteboard einsetzen

Die gute alte Tafel hat noch nicht ihre Bedeutung verloren, zumal, wenn Sie als Whiteboard mit neuen Möglichkeiten aufwartet. Wer noch an einer Kreidetafel gearbeitet hat, kennt die Vorteile: Man macht sich ohne Kreide nicht mehr die Hände schmutzig, es gibt keine nasse Tafel, auf der man nicht richtig schreiben kann, und der Kontrast ist besser.

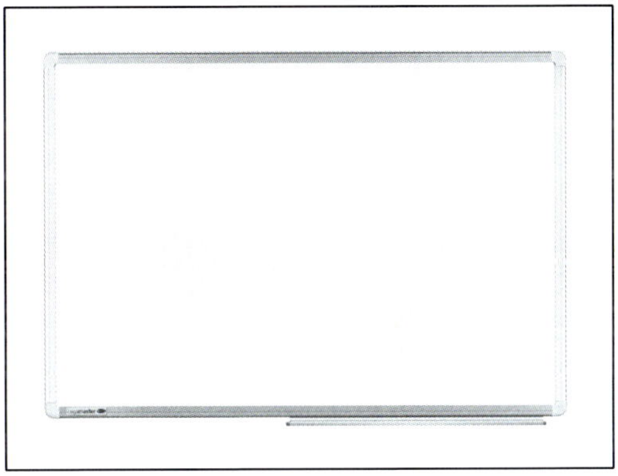

Das Whiteboard ist ein umweltfreundliches Medium. Es erfüllt ähnliche Funktionen wie das Flipchart. Allerdings können Sie weder zurückblättern noch Ergebnisse »aufhängen«. Dafür haben Sie viel Platz zum Schreiben. Überdies können Sie mit farbigen Stiften arbeiten sowie Plakate und Karten mit Magneten befestigen. Notfalls können Sie so andere Medien, etwa das Flipchart und die Stellwand, ersetzen.

Verschiedene Wandtafeln

Bei den Whiteboards gibt es zwei Varianten: Wandtafeln mit und ohne Schienen und Standgerät. Wandtafeln stehen nicht im Weg, dafür stören sie bisweilen die Projektion des Beamers, wenn sie nicht richtig angebracht sind. Ein weiterer Nachteil der Wandtafel: Sie müssen sich fast automatisch von den Teilnehmern abwenden, weil Sie nicht wie beim Standmodell schräg zur Tafel schreiben können.

Einsatzbereiche der Wandtafel

Je nach Typ lassen sich solche Tafeln zusammenklappen, was neue Möglichkeiten eröffnet. Sie können eine Tabelle oder Grafik vorbereiten und die Tafelseite dann erst im Seminar aufklappen.

Whiteboard

Vorteile	Nachteile
■ häufig vorhanden ■ große Fläche ■ als Magnettafel zu nutzen ■ kostengünstiges Medium	■ schlecht vorzubereiten ■ Visualisierung nur mit Kamera zu dokumentieren

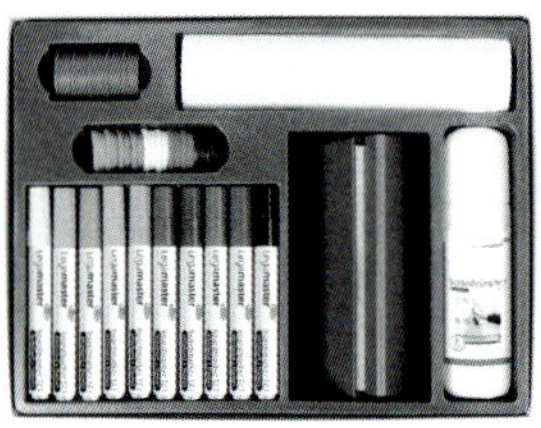

Um an dem Whiteboard zu schreiben, nutzen Sie am besten sogenannte Whiteboard-Marker. Wenn Sie normale Filzstifte einsetzen, lässt sich das Ergebnis nur noch mit Terpentin entfernen.

Es gibt auch Sets zu kaufen, in denen Sie neben Stiften in verschiedenen Farben auch Magneten, Streifenlöscher und Reinigungsflüssigkeit finden.

Mit der Stellwand arbeiten

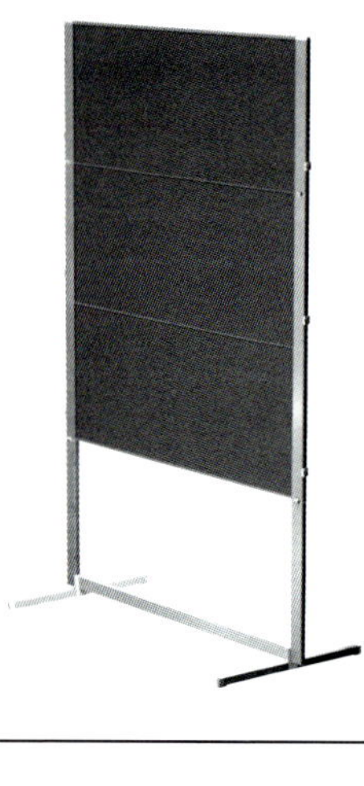

Eine Stellwand bietet Ihnen gute Visualisierungs- und Strukturierungsmöglichkeiten. Durch die Arbeit mit Karten können Sie Inhalte Schritt für Schritt erarbeiten.

Stellwände bieten Ihnen zudem grafisch attraktive Optionen, durch die unterschiedlichen Kartenformen, Kartengrößen und Kartenfarben Texte und Zeichnungen zu ergänzen.

Stellwandrückseiten kann man schon in der Pause vorbereiten. Falls Sie Zeichnungen anfertigen wollen, heften Sie bitte Packpapier auf die Stellwand. Immer wieder kommt es vor, dass ein Stellwandfuß abgeht. Überzeugen Sie sich vor dem Seminar, ob beide Füße fest angeschraubt sind.

Das Anpinnen mit Stecknadeln sollten Sie vorher üben, damit Sie »im Ernstfall« nicht mit viel Schwung samt der Wand umkippen. Die besten Methoden: langsam, mit Gefühl und stetigem Druck oder schnell und kräftig.

Heften Sie vor Beginn des Trainings eine Reihe Nadeln untereinander an dem linken Rand der Stellwand fest. Dann brauchen Sie nicht immer wieder zum Tisch zurückkehren, um neue Nadeln zu holen. Alternativ können Sie mit einem Nadelkissen arbeiten.

Stellwand

Vorteile	Nachteile
■ viele unterschiedliche Möglichkeiten der Visualisierung ■ zur Präsentation, zur Erarbeitung und zur Dokumentation von Gruppenergebnissen geeignet ■ Visualisierung kann vorbereitet werden ■ Teilnehmer können in die Erstellung einbezogen werden	■ Anpinnen muss geübt werden

Die Arbeit mit der Stellwand

Die Stellwand ist ein sehr variables Medium. Vor allem die folgenden Arbeitsweisen haben sich bewährt:

Präsentation mit Ergänzung

Arbeitsweise 1: Präsentation mit Ergänzung. Sie haben Karten vorbereitet, führen in ein neues Thema ein und entwickeln vor den Augen der Teilnehmer eine Struktur. Nehmen wir noch einmal das Beispiel »persönliche Ausdrucksmittel«.

z.B.

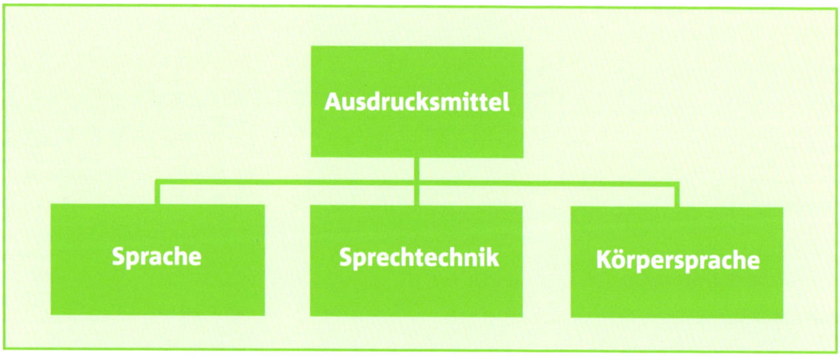

Anschließend können die Teilnehmer Ihre Gedanken und Erfahrungen ergänzen. Die Karten lassen sich gut mit dem Computer vorproduzieren:

Karten vorbereiten

- Legen Sie Moderationskarten in den Briefschlitz Ihres Tintenstrahldruckers.
- Kippen Sie die Schrift um 90 Grad.
- Stellen Sie unter »Format Zeichen« die Schriftgröße auf Punkt 80 bis Punkt 100.
- Schreiben Sie maximal zwei Zeilen auf eine Karte.

Themen an Stellwand erarbeiten

Arbeitsweise 2: Erarbeiten. Sie behandeln ein Thema, bei dem Sie das Ergebnis der Erarbeitung gut voraussagen können.

z.B.

In Ergänzung des Beispiels könnten Sie mit den Teilnehmern jetzt Merkmale der Sprechtechnik erarbeiten.

- Lautstärke
- Stimmlage
- Sprechtempo
- Sprachmelodie
- Pausen
- Betonung
- Aussprache
- Füllwörter

Diese Karten können Sie vorbereiten und mit dem Computer erstellen. Denn mehr Merkmale gibt es nicht. Um ganz sicherzugehen, können Sie sich Karten in derselben Farbe zurechtlegen und bei Bedarf beschriften.

Nutzen Sie dabei einen weiteren Vorteil der Stellwand: Arbeiten Sie mit den Karten weiter. Zum Beispiel könnten Sie jetzt zu einer Gruppenarbeit anleiten und die Teilnehmer bitten, sich zu dritt eines der Merkmale auszuwählen und gemeinsam die Frage zu beantworten: »Welche fünf Merkposten muss ich hier beachten?«

Mit Karten weiterarbeiten

Bei anderen Themen können Sie den Karten gemeinsam mit den Teilnehmern Überschriften zuordnen oder die Karten in eine Reihenfolge bringen.

z.B.

Für das Thema Körpersprache lässt sich solch eine Reihenfolge bilden, etwa:

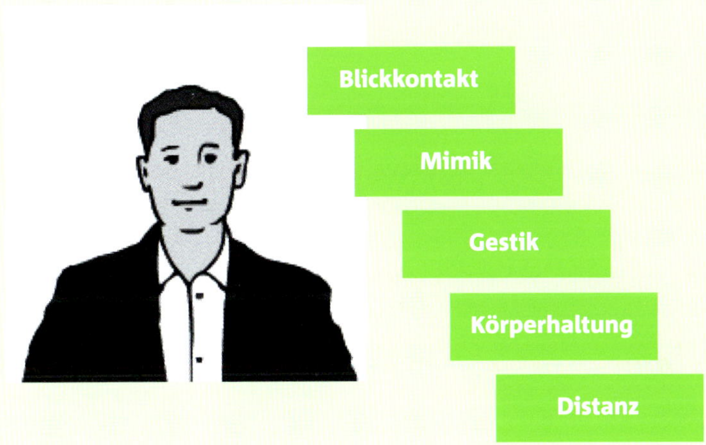

Arbeitsweise 3: Moderation. Gehen Sie am besten in vier Schritten vor:

Mit Stellwand moderieren

1. Sie moderieren ein Thema an und heften eine Themenkarte an die Stellwand.

z.B.

Motivation von Teilnehmern

2. Die Teilnehmer schreiben ihre Ideen in Stichworten auf Karten. Legen Sie Karten und Stifte bereit, möglichst in derselben Farbe. Wenn die Teilnehmer die Kartenmethode nicht kennen, sollten Sie sie ihnen erläutern und zeigen, wie sie die Karten ausfüllen.
3. Die Karten werden an die Stellwand geheftet.

z.B.

Motivation von Teilnehmern

guter Unterricht	**viel Abwechslung**	**Kommunikation**
Praxisbezug	**viel Austausch**	**attraktive Themen**

4. Jetzt können Sie den Karten wieder Oberbegriffe zuordnen, die Karten in eine Reihenfolge bringen oder mit Punkten bewerten lassen.

Regeln für die Arbeit mit der Stellwand

Die Arbeit mit der Stellwand macht in der Regel kaum Probleme. Bitte beachten Sie trotzdem:

- Stellen Sie sicher, dass ausreichend viele Pinnwände vorhanden sind.
- Prüfen Sie vorab, ob alle Teilnehmer die Pinnwände einsehen können.
- Legen Sie Stecknadeln, Stifte, Klebepunkte und Karten bereit.
- Bespannen Sie die Stellwände mit Packpapier. Dann können Sie auf den Stellwänden auch mit Stiften schreiben und malen.
- Stellen Sie beim Pinnen einen Fuß auf den Fuß der Wand.
- Erst schreiben und pinnen – dann sprechen. Nie gleichzeitig pinnen und sprechen, denn Sie wollen ja Ihr Publikum informieren – nicht die Wand.
- Stellwandrückseiten können Sie schon in der Pause vorbereiten.

TIPP

Sorgen Sie dafür, dass Sie genug Platz haben, um eine Stellwand ohne Verrenkung umdrehen zu können.

Präsentieren und Erarbeiten kombinieren

Die Grenzen zwischen Präsentieren und Erarbeiten verwischen sich mit dem Einsatz zweier Medien, dem Tablet-PC und dem interaktiven Whiteboard. Bei beiden Medien erschließen sich für Sie attraktive Möglichkeiten. Sie können mit Hilfe von Präsentationssoftware Präsentationen vorbereiten, diese dann aber im Unterricht ergänzen, wichtige Punkte markieren, Zusammenhänge etwa durch Pfeile verdeutlichen und Wichtiges unterstreichen oder farblich hervorheben.

Tablet-PC und Whiteboard

Hinzu kommt: Sie können mit Ihren vorgefertigten PowerPoint-Präsentationen arbeiten, aber dann Begriffe ergänzen. So werten Sie Ihre Präsentationen auf, lassen vor den Augen der Teilnehmer Bilder und Strukturen entstehen und nutzen die Präsentation als Grundlage für Phasen, in denen die Seminarteilnehmer Inhalte erarbeiten.

Vielfältige Einsatzmöglichkeiten

Es ist auch möglich, vor- und zurückzublättern oder Animationen und Simulationen zu starten. Zusätzlich können Sie auf der »leeren« Oberfläche arbeiten, schreiben und zeichnen – wie an einer Tafel. Dabei sollten Sie die ganze Fülle an Schriften, Farben und Gestaltungselementen nutzen.

!

Mit beiden Geräten sollten Sie sich vertraut machen, bevor Sie sie im Seminar einsetzen. Sie sollten die gestalterischen Möglichkeiten ebenso kennen wie die technischen Stolpersteine.

Alles, was Sie in eine PowerPoint-Präsentation einbinden können, lässt sich auch hier nutzen – aber mit neuen Möglichkeiten. So können Sie Fotos einbinden, auf dem Foto bestimmte Punkte markieren, Videos zeigen und bestimmte Abläufe grafisch verdeutlichen.

Modernes »Notebook«

Ein Tablet-PC ist ein Notebook, das sich wie ein Notizblock nutzen lässt. Allerdings gibt es auch Versionen des Geräts ohne Tastatur, in der Fachsprache Slate (= Schiefertafel) genannt. Sie können direkt auf dem Bildschirm schreiben, mit dem Stift oder mit dem Finger. Ein Tablet-PC kann Handschriften erkennen und in Druckbuchstaben umwandeln. Einfaches Tippen auf den Bildschirm entspricht dem Mausklick. Auch können Sie zwischen Hoch- und Querformat wählen. Bei einigen Geräten ist eine Spracherkennung integriert.

Möglichkeiten des Tablet-PCs ausschöpfen

Ergänzt wird die Schrifterkennung durch Grafikprogramme. Sie können Striche in verschiedenen Farben und Stärken ziehen und Grafiken aus geometrischen Grundformen zusammensetzen.

Bevor Sie sich nun einen Tablet-PC kaufen, sollten Sie sich Ihr Notebook einmal genauer ansehen. Denn einzelne Notebooks sind ebenfalls mit einem Touchscreen ausgestattet und können damit die Funktion eines Tablet-PCs übernehmen.

TIPP **Eine einfache Alternative zum Tablet-PC bietet das Programm Pointofix, das Sie kostenfrei aus dem Internet herunterladen können.**

Ein interaktives Whiteboard ist eine Art elektronische Tafel. Sie ist an einen Computer angeschlossen, das Bild wird von einem Beamer auf das Board projiziert. Die Steuerung erfolgt über einen Stift oder auch über die Bewegungen der Finger. Die Arbeitsweise und die Möglichkeiten sind damit ähnlich wie beim Tablet-PC – mit einer Ausnahme: Die Schrifterkennung gehört nicht zu den Standards.

Interessant ist, dass sich das Tafelbild speichern lässt. Zur Nachbereitung und zum Verschicken des Erarbeiteten können Sie die eingebaute USB-Schnittstelle nutzen.

Es gibt zwei verschiedene technische Varianten des Geräts:

Technische Varianten

- Das *Activ Board* ist elektromagnetisch und reagiert auf das magnetische Signal des Stiftes. Es verfügt über eine höhere Auflösung.
- Das *Smart Board* ist berührungssensitiv. Sie können darauf mit einem Stift, aber auch mit Ihren Fingern arbeiten.

Nehmen Sie sich Zeit zur Selbstreflexion

Überlegen Sie sich wiederum die Konsequenzen, die das neue Wissen für Ihre Weiterbildungen, Trainings und Seminare hat – zum Beispiel:

- Welche Präsentationsmedien liegen Ihnen besonders gut, sodass Sie sie zukünftig verstärkt einsetzen wollen?
- Überprüfen Sie Ihre Weiterbildungsinhalte: Welche Medien eignen sich ganz besonders, sie teilnehmerorientiert(er) zu präsentieren?
- Welche Möglichkeiten, Medien selbst zu erarbeiten, wollen Sie nutzen – und für welche Inhalte?

4 Lernmedien – Unterstützung für die Teilnehmer

Lernmedien sind Arbeitshilfen für die Teilnehmer Ihrer Seminare. Sie kommen zum Einsatz, wenn die Teilnehmer selbst aktiv sind, üben, wiederholen oder die Umsetzung der Trainingsinhalte in die Praxis vorbereiten.

Lernmedien und ihr Nutzen

Die Arbeitshilfen sollten:

- den Trainer entlasten,
- die Aktivität des Lernenden fördern und
- ein leichteres Erreichen der Lernziele sicherstellen.

Anforderungen

Für Arbeitshilfen gelten, wie für alle im Seminar eingesetzten schriftlichen Materialien, bestimmte Anforderungen:

- Sie sollten sprachlich so formuliert sein, dass Verständnisschwierigkeiten ausgeschlossen sind. Achten Sie besonders auf Fachbegriffe: Sie müssen grundsätzlich immer erklärt werden.
- Arbeitsaufträge müssen präzise beschrieben sein.
- Beispiele sollten aus dem Erfahrungsbereich der Teilnehmer stammen.
- Eine gute Gliederung, Visualisierungen und Zusammenfassungen sollten selbstverständlich sein.

Einheits-Layout entwickeln

Eine Anmerkung vorweg: Für alle Lernmedien, seien es Übungsblätter, Merkblätter oder Transferhilfen, sollten Sie wiederum ein Einheits-Layout entwickeln, genau wie bei Ihren Präsentationen und Plakaten. Das erspart Ihnen Arbeit und erhöht den Wiedererkennungswert Ihrer Unterlagen. Achten Sie dabei auf die folgenden Punkte:

- Lassen Sie einen Rand für Notizen.
- Beschränken Sie sich auf eine Schriftart und drei Schriftgrößen.
- Gestalten Sie Hervorhebungen einheitlich, etwa durch Fettdruck, Schrägschrift oder Unterstreichen.

- Wählen Sie eine einheitliche Größe für die Überschrift – mindestens 14 Punkt – und eine einheitliche Größe für den Text – nämlich 10 oder 11 Punkt.
- Trennen Sie die Überschrift und die Fußzeile durch Striche vom Text ab.
- Fügen Sie Symbole und Ihr Logo ein.
- Beschränken Sie sich in der Fußzeile auf wenige Angaben, Copyright und gegebenenfalls die Ordnungsnummer.

Wiedererkennungswert erhöhen

Üben und Anwenden

Übungen sind ein wichtiger Bestandteil jedes Lernprozesses. Seit langer Zeit ist bekannt, dass gute Lernergebnisse die Aktivität der Seminarteilnehmer voraussetzen. Aktive Lerner sind gute Lerner. Erst durch die Anwendung wird sichergestellt, dass:

Lernmedien und Übungen

- das Gelernte nachhaltig genug vermittelt wird,
- die Übertragbarkeit des Erlernten im Alltag erleichtert wird und
- die Teilnehmer sich intensiv mit dem Lerngegenstand beschäftigen.

Übungen haben gleich mehrere Funktionen:

- Sie ermöglichen eine Vertiefung des Gelernten.
- Sie können zur Verbesserung des Praxisbezuges beitragen.
- Sie bieten eine Kontrolle für den Lernenden, was er verstanden hat, was er anwenden kann und was noch nicht.

Zum Lernen gehört Üben. Ansonsten fällt die Lernausbeute zu gering aus.

!

Halten Sie bei Übungen die Waage zwischen:

Teilnehmer nicht unter- oder überfordern

- Unterforderung durch eintöniges Wiederholen des Gelernten und
- Überforderung durch zu komplizierte Aufgaben.

Des Weiteren ist der Bezug zum (beruflichen) Alltag wichtig. Die Aufgaben sollten die Fähigkeiten und Fertigkeiten fördern, die für die Praxis wichtig sind. Schließlich sollten Sie überlegen, ob für Ihre Seminare nicht Übungen mit unterschiedlichem Schwierigkeitsgrad, mit unterschiedlichem Umfang und mit unterschiedlichem Schwerpunkt sinnvoll sind. Der

Übungen: Bezug zum Berufsalltag gewährleisten

Vorteil: Sie können die unterschiedlichen Vorkenntnisse und Lerntempi der Seminarteilnehmer auffangen.

Übungsaufgaben

Es gibt zwei grundsätzliche Formen von Übungen – zum einen Aufgaben, die sich zum Beispiel allein auf den vorher gelesenen oder durchgenommenen Stoff beziehen. Diese Übungen haben oft einen Kontrollaspekt: Sie kontrollieren, ob die Teilnehmer den Lernstoff verstanden haben.

z.B.

Welche Funktionen erfüllen Übungen beim Lernen?

Praxisbezug herstellen

Zum Zweiten gibt es Aufgaben, die einen Praxisbezug herstellen. Sie helfen, den Teilnehmer zur Anwendung des Gelernten und zur Beurteilung von Situationen zu animieren. Diese Form von Übungen wird deshalb oft auch unter dem Begriff Anwendung gefasst. Charakteristisch ist, dass am Anfang ein (Fall-)Beispiel oder eine Situationsschilderung steht.

z.B.

Bitte sehen Sie sich die folgende Situation an ...

Wie würden Sie in dieser Situation reagieren?

Drei Übungsschritte

Vom Ablauf her lassen sich drei Phasen unterscheiden:

- Hinführung,
- Durchführung und
- Auswertung.

Zur Hinführung gehören folgende Schritte:

Die Hinführung zur Übung

1. *Vorkenntnisse absichern:* Der Trainer sichert ab, dass die Teilnehmer für die Erarbeitung der Lösung zum Fallbeispiel ausreichende Grundkenntnisse besitzen. Dazu sollte er zunächst einmal sich selbst fragen, welches Basiswissen im Einzelnen notwendig ist. Idealerweise kann der Trainer dann aus dem Stand heraus Wissenslücken durch einen kurzen Vortrag schließen. Und hat dazu auch die passende Medienunterstützung parat.
2. *Thema anmoderieren:* Dieser Schritt erfüllt zwei Funktionen: einerseits die Teilnehmer zu *informieren*, welches Thema jetzt ansteht, andererseits sie zu *motivieren*. Die Einstiegsmotivation sollten Sie

nicht vernachlässigen: Hier entscheidet sich, wie engagiert die Teilnehmer mitarbeiten. Die Teilnehmer sollten konkret erfahren, warum das Thema für sie und ihre Arbeitsaufgaben von Bedeutung ist, und zwar so konkret wie möglich.

Übung durchführen

Die Durchführung umfasst nur zwei Phasen: die Arbeitsanleitung und die Arbeitsphase selbst. Der Arbeitsauftrag sollte möglichst schriftlich erfolgen. Das schützt vor Missverständnissen. »Schriftliche Ausführung« bedeutet, dass der Auftrag sich entweder auf dem Arbeitsblatt selbst befindet oder an die Tafel oder auf ein Flipchart-Blatt geschrieben wird.

Arbeitsauftrag klar formulieren

In jedem Fall sollte der Trainer den Arbeitsauftrag so eindeutig und verständlich wie möglich formulieren. Erläutern Sie auch noch einmal mündlich, wie die Bearbeitung zu organisieren ist. Dazu gehören folgende Angaben:

- Wer soll mit wem (Gruppenbildung)
- was (Aufgabe)
- bis wann (Zeitvorgabe)
- mit welchen Hilfen (erlaubte Unterlagen und Hilfsmittel)
- und welchem Ziel (erwartete Ergebnisse)
- in welcher Form (Form der Auswertung) erarbeiten?

Nachdem alle Teilnehmer wissen, was sie tun sollen, und eventuelle Missverständnisse ausgeräumt sind, beginnt die eigentliche Arbeitsphase.

Übungsmethodik

Methodisch kann die Arbeitsphase als Einzelarbeit, als Partnerarbeit oder als Gruppenarbeit durchgeführt werden. Bei der Gruppenarbeit gibt es wieder zwei Varianten: die arbeitsgleiche Gruppenarbeit, bei der alle Gruppen dieselbe Aufgabe erhalten, und die arbeitsteilige Gruppenarbeit, bei der jede Gruppe Teilaufgaben bearbeitet.

Während dieser Phase sollte der Trainer die Gruppen in Ruhe arbeiten lassen. Er steht lediglich bei Fragen zur Verfügung. Die Teilnehmer müssen das Ergebnis eigenständig suchen und finden. Das ist der Kern der Fallmethode.

Hilfestellung durch Trainer

Nur wenn die Teilnehmer Schwierigkeiten haben, sollten Sie sie unterstützen. Auch bei dieser Hilfe muss das Ziel sein, die Teilnehmer zur eigenständigen Lösung zu führen. Deshalb sollten Sie die Lösung nicht voreilig verraten oder Überlegungen anstellen, auf die die Teilnehmer auch selbst kommen könnten.

Auswertungsphase

Kommen wir zur letzten Phase, der Auswertung. Sie umfasst drei Schritte:

1. *Sicherung der Ergebnisse:* Zuerst müssen natürlich die Ergebnisse gesichert werden. Hier stehen zwei Methoden zur Auswahl: die Präsentation der Ergebnisse durch die Arbeitsgruppen oder das fragend-erarbeitende Auswertungsgespräch. Eine Präsentation sollten Sie bei arbeitsteiliger Aufgabenstellung vorsehen. Denn die anderen Teilnehmer wollen sicher das Teilergebnis erfahren. Dasselbe gilt, wenn Sie Gruppen unterschiedliche Fallbeispiele zur Bearbeitung gegeben haben. Die Ergebnisse sollten möglichst visualisiert werden, um die Anschaulichkeit und die Lernausbeute zu steigern. Möglichkeiten sind Tischvorlagen, Folien, Karten, Flipchart-Blätter. Bei Einzelarbeit, Partnerarbeit und arbeitsgleichen Aufgaben können Sie alternativ die Lösung in einem Auswertungsgespräch systematisieren, ergänzen und visualisieren.

Ergebnisse in Auswertungsphase sichern

2. *Diskussion der Ergebnisse:* Danach kann sich eine kurze, von Ihnen gesteuerte Diskussionsphase anschließen. Besonders bei Gruppenpräsentationen ist dies nützlich und sinnvoll.
3. *Zusammenfassung:* Am Ende steht eine Zusammenfassung, in der Sie die zentralen Punkte der Lösung noch einmal herausstellen und besonders auf Analysemethoden, Lösungsstrategien und Kriterien zur Beurteilung der Lösungsansätze eingehen. Denn das ist das übertragbare Wissen, das zumeist für die Teilnehmer über den Einzelfall hinaus von Interesse für ihre Arbeit ist.

Arbeitsblätter beim Üben und Anwenden einsetzen

Vorteile der Arbeitsblätter

Arbeitsblätter haben den Vorteil, dass die Teilnehmer eine Übungs- oder Anwendungsaufgabe schwarz auf weiß vor sich liegen haben, auch wenn sie den Seminarraum verlassen, um sich in einem Gruppenraum der Aufgabe zu widmen.

Wie sieht ein Arbeitsblatt aus? Zuerst suchen Sie bitte eine passende Überschrift.

z.B.

Formatierung von Texten

Um den Praxisbezug zu sichern, sollten Sie möglichst danach eine Situation schildern und ein Szenario entwickeln.

z. B.

Sie haben die Aufgabe übernommen, den diesjährigen Betriebsausflug zu organisieren. Ihr Vorschlag: mit dem Rad ein Stück durchs Mittelrheintal fahren. Sie haben einen passenden Text im Internet gefunden, mit dem Sie Ihren Kollegen die Radtour schmackhaft machen wollen. Der Text muss aber noch formatiert werden.

Rhein Radtour Wegen der zerklüfteten Landschaft mit den steilen Weinhängen und den vielen sagenumwobenen Burgruinen ist der sogenannte »romantische Rhein« zwischen Köln und Mainz einer der schönsten Flußstrecken Deutschlands und international bekannt. 2002 wurde das obere Mittelrheintal sogar von der Unesco zum Weltkulturerbe ernannt. Und man kann im Rheintal herrlich Rad fahren! Besonders die Hauptroute am linken Rheinufer lädt zum gemütlichen radeln ein, da der größte Teil der Strecke autofrei direkt am Rhein entlang führt. Das Radeln im Rheintal ist nicht nur abwechlungsreich, sondern auch praktisch, da man kaum von unnötigem Auf und Ab belästigt wird.

Aufgabenstellung formulieren

Jetzt folgt die Aufgabe. Ganz besonders wichtig ist es, eine klare Aufgabenstellung zu formulieren. Sie umfasst die genaue Anweisung, was der Teilnehmer tun soll.

TIPP

Bitte achten Sie darauf, dass die Übung nur den Stoff enthält, der vorher behandelt wurde.

Unterteilen Sie die Aufgabe möglichst in Teilaufgaben. Das hat gleich mehrere Vorteile:

Mit Teilaufgaben arbeiten

- Die Aufgabe ist besser strukturiert.
- Die Teilnehmer können eine Aufgabe nach der anderen lösen – und haben damit mehr Erfolgserlebnisse.
- Sie können Teilaufgaben weglassen, wenn die Zeit knapp wird.
- Sie können aber auch differenzieren. Für Gruppen oder Teilnehmer, die schneller fertig werden, sollten Sie eine Zusatzaufgabe vorsehen.
- Teilaufgaben lassen sich besser auswerten.

z.B.

1. Korrigieren Sie den Text mit Hilfe der Rechtschreib- und Grammatikprüfung.
2. Fügen Sie eine neue Überschrift ein und heben Sie diese hervor.
3. Formatieren Sie den Text, legen Sie die Abschnitte fest, positionieren Sie in der Mitte des Textes ein Foto.

Es ist möglich, die Teilnehmer zu den einzelnen Teilaufgaben ihr Vorgehen skizzieren zu lassen, vor allem, wenn Sie es anschließend mit ihnen besprechen wollen.

z.B.

1. Korrigieren Sie mit Hilfe der Rechtschreib- und Grammatikprüfung den Text

   Vorgehen:

   ____

   ____

   ____

Mit Arbeitsblättern Trainings verbessern

Zusätzlich können Sie bei Bedarf Hinweise auf das erwartete Ergebnis, auf das Vorgehen oder auf Arbeitshilfen integrieren. Überprüfen Sie deshalb, ob folgende Hinweise notwendig sind:

- Was soll getan werden (Aufgabe)?
- Wie soll es getan werden (Methode)?
- Welches Ergebnis wird erwartet (Ziel)?

Mit Fallbeispielen arbeiten

Ihr Training muss sich immer daran messen lassen, ob die Teilnehmer tatsächlich viel mitnehmen, was sie im Alltag anwenden und gebrauchen können. Übungen helfen, den Praxisbezug zu sichern. Sie können aber noch mehr tun: die Teilnehmer zu einer aktiven Auseinandersetzung mit Alltagssituationen anleiten. Die entsprechende Methode heißt Arbeit mit Fallbeispielen. Die Arbeit mit Fallbeispielen bedeutet:

- einen Praxisfall in den Mittelpunkt des Trainings stellen,
- diesen Fall gemeinsam analysieren und
- die beste Lösung für den Fall erarbeiten.

Fallbeispiel: Vorteile

Der große methodische Vorteil von Fallbeispielen ist sein variabler Einsatz im Seminarraum. Fallbeispiele können als Basis für Übungen in Partner- und Gruppenarbeit eingesetzt werden:

Variable Einsatzmöglichkeiten

- als Einstieg in ein Thema, zur Motivation, zur Verdeutlichung der Problematik,
- zur Orientierung und als Übersicht,
- als Grundlage einer Erarbeitung im Gespräch,
- zur Wiederholung und als Zusammenfassung,
- zur Kontrolle des Lernerfolges und
- zur Unterstützung des Transfers.

Methodischer Nutzen

Der methodische Vorteil liegt darin, dass einerseits die Teilnehmeraktivität steigt und die Teilnehmer zudem Problemlösungen eigenständig erarbeiten können. Die Konsequenz: Die Lernausbeute steigt spürbar an. Und darum sind Fallbeispiele eine wertvolle Hilfe.

Die erste Aufgabe bei der Entwicklung von Fallbeispielen ist die Konstruktion oder Auswahl geeigneter Beispiele. Dabei ist zu beachten:

Fallbeispiele entwickeln

- Sie sollten repräsentativ für den (zukünftigen) Arbeitsbereich der Teilnehmer sein.
- Sie sollten die Inhalte, Abläufe und Arbeitsweisen widerspiegeln, die für den Arbeitsbereich zentral sind.
- Sie sollten zur Nutzung von Arbeitsmitteln anleiten und selbstständiges Arbeiten fördern.

Wenn Sie also Fallbeispiele in Ihre Weiterbildung integrieren, sollten Sie immer erst überprüfen, ob diese Kriterien erfüllt sind.

Fallbeispiele interessieren Teilnehmer

Stehen Ihnen gute, praxisnahe und repräsentative Fallbeispiele zur Verfügung, sollten Sie die ganze Stoffvermittlung auf diese Beispiele hin ausrichten. Nutzen Sie Fallbeispiele zu Übungszwecken, sollten Sie sie wieder schriftlich fassen und mit Aufgaben verknüpfen.

Videosequenzen einsetzen

Die Arbeit mit Videosequenzen ist eine besonders anschauliche, praxisnahe und lernwirksame Form von Fallbeispielen. Video-Fallbeispiele sind auch und besonders für didaktisch weniger erfahrene Trainer geeignet, weil die Videosequenzen ein verlässlicher Helfer sind, die zu einem motivierenden und strukturierten Unterricht beitragen, bei dem sichere und einheitliche Ergebnisse möglich sind.

Grundsätzlich lassen sich vier Arten von Video-Fallbeispielen unterscheiden:

Arten von Video-Fallbeispielen

1. *Realsituationen:* Ereignisse, Abläufe, Geschehen werden mit der Kamera festgehalten und nachbearbeitet. Der Vorteil liegt in dem hohen Praxisbezug.
2. *Nachgestellte Situationen:* Bei nachgestellten Situationen bleibt der Praxisbezug erhalten, es kann darüber hinaus aber auf bestimmte Aspekte didaktisch fokussiert werden; für den Lernprozess wichtige Punkte können herausgestellt werden.
3. *Ausschnitte:* Einzelne Abläufe werden isoliert aufgezeichnet. Hier kann sehr genau gesteuert werden, was für den Lernprozess wichtig ist und deshalb betont werden soll.
4. *Verhaltensvarianten:* Schließlich können von einem Verhalten oder von einzelnen Abläufen mehrere Varianten produziert werden, um zum Beispiel unterschiedliche Verhaltensmuster diskutieren zu können.

Mit Videofallbeispiel Diskussion anregen

Neben Video-Fallbeispielen können Sie natürlich auch längere Filme und Videos im Training einsetzen. Ob auf DVD oder als Videodatei – Filme sprechen den visuellen und den auditiven Sinneskanal gleichermaßen an. Zur Veranschaulichung eignen sich eher kurze Filmsequenzen als ganze Filme. Auch zur Wiederholung oder als zusätzliche Lernhilfen sind Filme gut geeignet. Über das Gezeigte sollte anschließend immer gesprochen werden. Allerdings sollten Sie bei längeren Filmsequenzen vorsichtig sein. Denn genauso, wie Sie Ihre Teilnehmer nicht mit langen Vorträgen langweilen sollten, müssen Sie dies auch bei Filmen vermeiden.

!

Je länger der Film ist, desto genauer sollten Sie vorher (er)klären, worauf die Teilnehmer achten sollen. Sie können auch verschiedenen Teilnehmern unterschiedliche Beobachtungsaufgaben zuweisen.

Auswertung nicht vergessen

Nach dem Filmeinsatz erfolgt die Auswertung – entweder im Plenum oder in Partner- oder Gruppenarbeit. Die Ergebnisse werden vorgetragen, diskutiert und zusammengefasst. Bei offenen Fragen sollten Sie sich nicht scheuen, Teile des Filmes noch einmal zu zeigen.

> **TIPP**
>
> **Professionelle Video-Fallbeispiele zu erstellen ist aufwendig und damit meist teuer. Als Alternative bieten sich Kaufvideos an. Es gibt Sammlungen von Videosequenzen zu bestimmten Themen, die zudem den Vorteil haben, dass sie noch Begleitmaterial für die Behandlung der Fallbeispiele im Seminar bereitstellen.**

Mit Simulationen arbeiten

Sie haben auch die Möglichkeit, Rollenspiele im Training einzusetzen, zumindest ist dies bei vielen verhaltensorientierten Themen der Fall. Aber Achtung: Das Wort »Spiel« ist bei diesen Methoden nicht ganz richtig. Eigentlich werden Situationen simuliert.

Rollenspiel und Simulation

Der große Vorteil: Simulationen sind wirklichkeitsnah. Es ist viel lerneffektiver, wenn Sie im Seminarraum bestimmte Situationen und ein bestimmtes Verhalten mit Ihren Teilnehmern durchspielen, als wenn Sie nur mit ihnen darüber diskutieren. Aber es gibt noch weitere Vorteile:

- Mögliche negative Folgen bei falschen Entscheidungen treten bei der Simulation nicht auf.
- Handlungsalternativen können durchgespielt werden.
- Das Verhalten in Situationen verbessert sich.
- Einstellungen und Verhaltensweisen werden überdacht und in Frage gestellt.

Einsatzbereiche des Rollenspiels

Ein Rollenspiel dient dazu:

- eigene Verhaltensweisen zu demonstrieren, um anschließend darüber diskutieren zu können, oder
- in die Rolle eines anderen zu schlüpfen.

Hohe Lerneffekte durch Rollentausch

Der Rollentausch hilft, das Verhalten anderer Menschen besser zu verstehen und das eigene Verhalten und die eigenen Konfliktstrategien bewusster wahrzunehmen. Rollenspiele werden deshalb gerne in verhaltensorientierten Schulungen eingesetzt.

Richtig angewendet, haben Spiele einen hohen affektiven Lerneffekt mit Langzeitwirkung. Je realistischer dabei die Simulation ist, desto wirkungsvoller ist der Trainingseffekt.

! Was ganz wichtig ist: Ein Rollenspiel muss in das Trainingskonzept passen. Machen Sie niemals »auch mal ein Rollenspiel«. Fragen Sie sich vorher: Ist das die richtige Methode, um meine Lernziele zu erreichen? Manche Teilnehmer haben Schwierigkeiten mit einem solchen »Spiel«. Achten Sie darum auf jeden Fall darauf, dass die Teilnahme am Spiel freiwillig ist.

Teilnehmer-erfahrungen berücksichtigen

Ausgangspunkt für ein Rollenspiel sollten immer die konkreten Erfahrungen der Teilnehmer sein. Für Rollenspiele brauchen Sie zwei schriftliche Anweisungen – die Situationsbeschreibung und die Rollenanweisungen. Mit Hilfe einer Situationsbeschreibung verdeutlichen Sie den Teilnehmern die Situation. Die Beschreibung sollten Sie schriftlich verfassen, damit sie den Teilnehmern jederzeit bei Unklarheiten zur Verfügung steht.

z.B.

Sie arbeiten seit drei Wochen an einem neuen Arbeitsplatz. Ihr Vorgesetzter hat Sie zu einem Feedback-Gespräch gebeten. Er will mit Ihnen Ihre bisherigen Leistungen und Ihr Verhalten gegenüber der Arbeit und gegenüber den Kollegen besprechen.

Ihrer Meinung nach sind Ihre Leistungen gut, auch mit den Kollegen kommen Sie gut zurecht.

In einzelnen Rollenanweisungen beschreiben Sie dann die Ziele, vielleicht auch das Vorgehen und das gewünschte Verhalten.

z.B.

Sie arbeiten seit drei Wochen an einem neuen Arbeitsplatz:

- Sie freuen sich über den Wechsel, haben aber Angst, den Anforderungen nicht gerecht zu werden. Ihr Vorgesetzter stellt sehr hohe Ansprüche und kritisiert gerne, wenn etwas nicht so klappt, wie er es sich vorgestellt hat.
- Sie bemühen sich deshalb, alle Aufgaben möglichst präzise und fehlerfrei zu erledigen. Ihre Angst aber geben Sie nur ungern zu.
- Dass Sie mit Stress schlecht umgehen können, haben Sie schon öfter zu hören bekommen, aber Sie halten das für Unsinn. Wehren Sie sich gegen entsprechende »Vorwürfe«.
- Sie sind vom Typ her eher zurückhaltend und halten sich bei sozialen Kontakten gerne zurück.

Bitte beachten Sie: Geben Sie Ihre Einschätzung zum Verhalten des Vorgesetzten nur kund, wenn Sie ausdrücklich dazu aufgefordert werden. Geben Sie Dinge über sich nur dann preis, wenn Sie das Gefühl haben, der Vorgesetzte sei wirklich daran interessiert.

Mit Planspielen arbeiten

Noch aufwendiger, aber auch wirklichkeitsnäher sind Planspiele. Der Vorteil eines Planspiels liegt deshalb in der Simulation selbst komplexer Zusammenhänge. Das macht diese Methode sehr wirklichkeitsnah – ein gutes Programm vorausgesetzt. An einem Planspiel können viele Teilnehmer mitwirken, auch Gruppenarbeit ist möglich. Ein Nachteil liegt darin, dass der Ausgang des Planspiels nur schwer einzuschätzen und vorherzusehen ist.

Wirklichkeitsnähe herstellen

Die Teilnehmer werden in eine bestimmte Situation versetzt und müssen bestimmte Ziele erreichen, das Vorgehen aber selbst planen. Planspiele sind meist in mehrere Spielrunden aufgeteilt, bei vielen erfolgt die Steuerung über den Computer.

Konkrete Anweisungen

Auch hier steht am Anfang eine Situationsbeschreibung, die meistens aber umfangreicher und differenzierter als bei Rollenspielen ausfällt.

z.B.

Sie arbeiten in einer Firma, die sich auf die Entwicklung von Firmensoftware spezialisiert hat. In Ihrer Firma arbeiten 280 Personen, davon 160 Programmierer. Durchschnittlich werden fünf bis sechs Kundenprojekte parallel abgewickelt.

Leider gab es in den letzten Monaten wiederholt Schwierigkeiten mit Terminen. Gut die Hälfte der Projekte konnte nicht fristgerecht abgeschlossen werden. Deshalb soll in der Firma ein systematisches Projektmanagement eingeführt werden. Sie sind damit betraut.

Das Ziel, das Ihnen die Firmenleitung vorgegeben hat, lautet:

Ein Projektmanagementsystem einführen, das die Arbeit in den Projekten systematisiert und standardisiert und in der Folge zu geringeren Abweichungen bei Terminen und Kosten führt.

Die Arbeitsanweisungen erfolgen phasenweise. Dabei haben die Teilnehmer bestimmte Teilziele zu erreichen und bestimmte Bedingungen zu erfüllen.

z.B.

Bitte erstellen Sie einen Vorschlag für die Organisation Ihres Projektes:

1. Überlegen Sie, welche Organisationsform für Ihr Projekt am besten geeignet ist (reine Projektorganisation, Matrix, Koordination).
2. Überprüfen Sie, um welchen Projekttyp es sich handelt (Kleinprojekt, mittleres Projekt, Großprojekt).
3. Legen Sie die Phasen Ihres Projektes fest.
4. Bestimmen Sie die Meilensteine.

Halten Sie die Ergebnisse auf einem Medium fest, mit dem Sie Ihr Projekt präsentieren wollen.

Hoher Aufwand – großer Nutzen

Ein Planspiel erfordert einen sehr hohen Vorbereitungs- und Durchführungsaufwand. Dafür kann man aber auch ganze Seminare auf ein Planspiel gründen.

Wiederholen und Festigen

Lernen heißt Wiederholen

Lernen kommt ohne Wiederholungen nicht aus. Das zeigen Untersuchungsergebnisse, die in der folgenden Grafik festgehalten sind:

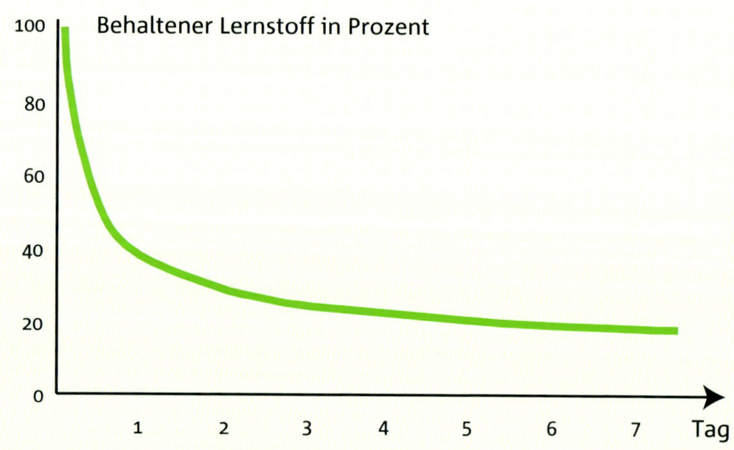

Die Teilnehmer werden nicht alles, was sie gelernt haben, im Kopf behalten und vieles schlicht wieder vergessen. Deshalb sollten Sie am Ende einer Lerneinheit die Gelegenheit nutzen, den Teilnehmern noch einmal die wichtigen Punkte ins Gedächtnis zu rufen. Dafür eignet sich die Zusammenfassung

Bei der Zusammenfassung haben Sie drei Möglichkeiten:

Möglichkeiten der Zusammenfassung: Merksätze

Möglichkeit 1: Sie können mit Merksätzen arbeiten. Achten Sie darauf, dass sich alle wichtigen Aussagen des Textes auch in der Zusammenfassung finden. Auf der anderen Seite sollten Sie es vermeiden, den halben Text noch einmal zu wiederholen.

z.B.

Wann ist ein Projekt sinnvoll?

1. Die Aufgabe ist sehr komplex und zudem neuartig.
2. Es sind unterschiedliche Abteilungen und Hierarchiestufen beteiligt.
3. Das Vorhaben benötigt unterschiedliche Spezialisten (Interdisziplinarität).
4. Die Erfüllung des Auftrags wird sich über einen längeren Zeitraum erstrecken.
5. Von dem Auftrag hängt für das Unternehmen viel ab.
6. Das Vorhaben ist mit einem hohen Risiko behaftet.
7. Es stehen nur begrenzte personelle und finanzielle Ressourcen zur Verfügung.
8. Der Zeithorizont für die Aufgabenlösung ist eng begrenzt.

Grafiken als Zusammenfassung

Möglichkeit 2: Sie können den Inhalt des Trainings in einer Übersichtsgrafik oder in einer Mind-Map darstellen. Die Grafik muss dann alle wichtigen Aspekte des Themas aufgreifen und gleichzeitig auf den ersten Blick verständlich sein.

z.B.

Ablauforganisation eines Projektes

Zielbestimmung
↓
Ist-Analyse
↓
Soll-Konzept
↓
Umsetzungsplan
↓
Erarbeitung
↓
Genehmigung
↓
Einführung
↓
Erhaltung

Checklisten als Zusammenfassung

Möglichkeit 3: Sie können eine Checkliste erstellen. Eine Checkliste bietet sich besonders dann an, wenn Sie Einstellung und Verhalten ändern wollen. Sie besteht aus einzelnen Handlungsaufforderungen. Der Teilnehmer kann die Checkliste bei der Umsetzung des Gelernten gleichzeitig als Erinnerungshilfe und als Kontrollinstrument nutzen. »Abgearbeitete« Merkposten werden abgehakt.

z.B.

Checkliste: Projekterfolg absichern	
Achten Sie darauf, dass vor Projektbeginn konkrete und erreichbare Richtziele zum Projekt definiert sind.	☐
Achten Sie auf Zielkonkurrenzen.	☐
Wählen Sie die beste Organisationsform für Ihr Projekt aus.	☐

Wiederholungen in Seminargeschehen einbauen

Auch Wiederholungen sind ein notwendiger Bestandteil des Lernprozesses. Wiederholungen sollten jedoch nicht stereotyp erfolgen nach dem Motto: »Ich darf noch einmal zusammenfassen.« Bei und mit Wiederholungen sollten die Teilnehmer vielmehr einbezogen und aktiviert werden. Dann sind sie lernwirksamer und weisen auch einen gewissen Kontrollaspekt auf.

Bei der Wiederholung können Sie gut auf die Strukturierung zurückgreifen. Nehmen wir noch einmal das Beispiel *Körpersprache*:

- Sie können die einzelnen Begriffe auf Karten schreiben und Teilnehmern jeweils eine Karte geben. Anschließend bitten Sie den Teilnehmer, der die Karte »Lächeln« hat, drei, vier Sätze zur Bedeutung des Lächelns in der Kommunikation zu sagen.
- Dann bitten Sie darum, etwas zu der Karte zu sagen, die in der Struktur als Nächste kommt. Jeder Teilnehmer sagt etwas zu seiner Karte.
- Sie sammeln die Karten ein und hängen sie an die Stellwand.
- Sind Fehler in der Reihenfolge aufgetaucht, kommentieren Sie sie. Damit haben Sie eine Wiederholung mit einer Lernkontrolle verbunden.

Überprüfen und Kontrollieren

Lernmedien und Lernkontrolle

Lernkontrollen müssen sein. Denn ohne sie können Sie als Trainer erstens nicht überprüfen, ob die Teilnehmer die Lernziele erreicht haben, ob sie alles richtig verstanden und verinnerlicht haben. Zweitens wissen Sie nicht, ob Ihr Training dem Anspruch genügt, den Sie mit Ihren Zielen und der Inhaltsauswahl gesetzt haben.

Lernkontrollen in Seminar integrieren

Allerdings müssen Kontrollen keinen Testcharakter haben. Versuchen Sie, die Lernkontrollen in das Trainingsgeschehen zu integrieren. Denn genau betrachtet ist Unterricht eine Folge von Informationen und Rückmeldungen – und Rückmeldungen sind Kontrollen. Lediglich beim Vortrag fehlt diese Rückkopplung. Deshalb ist hier ein anschließendes Gespräch sinnvoll.

Nutzen Sie die vielen Gelegenheiten, die sich im Training für Kontrollen eröffnen, zum Beispiel:

Kontrollmöglichkeiten nutzen

- bei der Besprechung von Texten, Übersichten und Grafiken,
- bei der Auswertung von Einzel- und Gruppenarbeit und schließlich
- bei Wiederholungen.

Lernzielüberprüfung

Nur über Lernkontrollen lässt sich ermitteln, was die Teilnehmer tatsächlich gelernt haben. Genauer gesagt: Ohne sie lässt sich nicht überprüfen, ob sie die Lernziele erreicht haben.

Achten Sie bei der Entwicklung von Kontrollfragen und -aufgaben auf folgende Punkte:

Kontrollfragen entwickeln

- Die Fragen sollten sich ausschließlich auf den Lernstoff beziehen.
- Die Fragen sollten die Lernziele widerspiegeln.
- Sie sollten das gesamte vermittelte Wissen repräsentativ abdecken, zu jedem Einzelthema sollte es eine gleiche Anzahl an Fragen geben.
- Sie sollten einen steigenden Schwierigkeitsgrad haben. Die einfachen Fragen gehören an den Anfang.
- Die Fragen sollen sich auf Themen beziehen, die praxisrelevant sind.

Aufgaben konstruieren

Bevor Sie sich an die Entwicklung von Lernkontrollen begeben, sollten Sie drei Fragen klären:

1. *Wo sollen die Kontrollen eingebaut werden?* Sie können sie an das Ende der einzelnen Trainingseinheiten stellen. Der Vorteil: Die Teilnehmer bekommen zeitnah eine Rückmeldung und erkennen schnell ihre Wissenslücken. Sie können sie aber auch ans Ende des Kurses stellen und dann die Themen aller Lerneinheiten abfragen.

Aufgaben für Lernkontrolle selbst entwickeln

2. *Was wollen Sie kontrollieren?* Die Aufgaben sollten sich nicht nur auf das reine Wissen beziehen, sondern auch überprüfen, ob die Teilnehmer Zusammenhänge verstanden haben und Wissen anwenden können.
3. *Wozu sollen die Kontrollen dienen?* Soll der Teilnehmer seinen Wissensstand selbst ermitteln, oder sollen die Aufgaben genutzt werden, damit Sie den Erfolg Ihres Trainings überprüfen können?

Bei Selbstkontrollen braucht der Teilnehmer Hinweise zur Lösung.	TIPP

Aufgaben konstruieren

Vor allem die letzte Frage hat Auswirkungen auf die Wahl der Aufgabe. Zur Selbstkontrolle eignen sich Aufgaben, die eine eindeutige Lösung haben. Bei der Aufgabenkonstruktion können Sie auf folgende Möglichkeiten zurückgreifen:

z.B.

Entscheidungsaufgaben verwenden			
Das Gespräch ist eine Trainingsmethode. Diese Aussage			
❑	stimmt	❑	stimmt nicht

Entscheidungsfragen haben den Nachteil, dass die Ratewahrscheinlichkeit bei nur zwei Alternativen hoch ist. Deshalb sollten Sie bei der Auswertung zwei solcher Aufgaben zusammenfassen. Sind beide Teilaufgaben richtig, liegt die Ratewahrscheinlichkeit bei 25 Prozent.

z.B.

Multiple-Choice-Frage verwenden			
Welche der folgenden Begriffe gehören zu den Methoden des Trainings?			
❑	Vortrag	❑	Planspiel
❑	Flipchart	❑	Partnerarbeit

Bei Multiple-Choice-Aufgaben sollten Sie besonderen Wert auf die Wahl der falschen Antworten legen, im Fachjargon Distraktoren genannt.

z.B.

Zuordnungsaufgaben verwenden

Ordnen Sie die folgenden Begriffe den Überschriften »Methoden« und »Medien« zu:

Stellwand, Overhead, Gruppenarbeit, Vortrag, Tafel, Beamer, Gespräch, Rollenspiel

Methoden	Medien
______________	______________
______________	______________

Umordnungsaufgaben verwenden

Bringen Sie die Phasen einer Trainingseinheit in die richtige Reihenfolge:

Kontrolle Orientierung Übung	Wiederholung Vermittlung Motivation

Freie Kurzantwort verwenden

Nennen Sie vier Präsentationsmedien:

____

____

Ergänzungsantwort verwenden

Die beiden wichtigsten Methoden der Wissensvermittlung sind:

____

____

____

z.B.

Lückentext verwenden

Jede Trainingseinheit sollte als Einstieg mit einer ______________

und einer ______________ beginnen. Daran schließt sich die

______________phase an. Die beiden Hauptmethoden sind hier

______________ und ______________.

Korrekturaufgabe verwenden

Bitte korrigieren Sie die folgende Reihenfolge der Phasen einer Trainingseinheit:

1. Orientierung
2. Motivation
3. Übung
4. Kontrolle
5. Vermittlung
6. Wiederholung

Problemstellungsaufgabe verwenden

Bitte erarbeiten Sie für ein frei wahlbares Thema eine vollständige Beschreibung einer Trainingseinheit.

Die Anforderungen an die Teilnehmer nehmen bei den vorgestellten Aufgabentypen langsam zu. Allerdings wird auch die Auswertung aufwendiger, und eine eindeutige Richtig-/Falsch-Zuordnung ist spätestens bei der Problemstellungsaufgabe nicht mehr möglich. Sie müssen dann Zeit für die gemeinsame Auswertung einplanen.

Keyword-Methode

Werden Kurzantworten abgefragt, können Sie zur Auswertung die sogenannte *Keyword-Methode* nutzen. Bei dieser Methode definieren Sie vorab, welche Begriffe Sie in der Antwort von dem Teilnehmer erwarten.

z.B.

Frage: Wie lässt sich der Bereich der Software unterteilen?

Keywords: Betriebssystem, Anwenderprogramme, Programmiersprachen

Dann können Sie prüfen, welche Begriffe (oder Synonyme) genannt und welche vergessen wurden.

Zu simple Lernkontrollen vermeiden

Solche Fragen lassen sich schnell formulieren, die Antworten noch schneller mit richtig oder falsch bewerten. Allerdings hat solches Wissen für den Teilnehmer in der Regel keinen allzu großen Wert, weil es nicht anwendbar ist. Außerdem prüft man mit solchen Fragen vor allem das Gedächtnis und die Merkfähigkeit eines Teilnehmers – also wie gut jemand im Lerntraining ist. Und das ist wahrscheinlich nicht das Ziel Ihres Seminars oder Trainings.

Und noch ein weiterer Punkt zeigt den zweifelhaften Wert solch simpler Lernkontrollen: Fast immer lässt sich das so abgefragte Wissen bei Bedarf auch nachschlagen – zum Beispiel in den Schulungsunterlagen.

Frageformen bei Lernkontrollen

Die verschiedenen Frageformen unterscheiden sich auch hinsichtlich der Schnelligkeit des Ausfüllens und Auswertens und der Aussagekraft der Antwort.

Frageformen bei Lernkontrollen

Ökonomie ↑ **Aussagekraft** ↓

- Entscheidungsaufgabe
- Multiple-Choice-Frage
- Zuordnungsaufgabe
- Umordnungsaufgabe
- Korrekturaufgabe
- Ergänzungsantwort
- Lückentext
- Problemstellungsaufgabe

Tests entwickeln

Bei Fachthemen, bei IT-Themen und bei Sprachen bietet sich Ihnen eine weitere Möglichkeit: Praxistests. Mit ihnen lässt sich nämlich ermitteln, ob die Teilnehmer das Gelernte tatsächlich anwenden können. Und das ist viel wichtiger als das reine Wissen. Denn die Fähigkeit zur Umsetzung ist zentral für den Transfer in den Arbeitsalltag. Wissen kann man nachschlagen, Anwendungs- und Umsetzungsstrategien muss man erproben.

Kontrolltests entwickeln und einsetzen

Wenn Sie sich an die klassische Vorgehensweise bei der Entwicklung von Praxistests halten, ist der Aufwand oft nicht viel größer als beim Formulieren einfacher Fragen:

Drei Entwicklungsschritte

Schritt 1: *Nehmen Sie die Lernziele als Ausgangspunkt.*
Beispiel: Textverarbeitung mit WORD
Lernziel: Die Teilnehmer sollen eine Seitenzahl einfügen können.

Schritt 2: *Definieren Sie sie als beobachtbares Verhalten.*
Beobachtbares Verhalten: Die Teilnehmer sollen im Menü EINFÜGEN den Befehl SEITENZAHLEN aufrufen, die gewünschten Einstellungen vornehmen und die Eingabe mit OK bestätigen können.

Schritt 3: *Leiten Sie aus dem Lernziel die Anwendungsübung ab.*
Anwendungsübung: Bitte fügen Sie in Ihren Text eine Seitenzahl unten rechts auf der Seite ein.

Praxistests einbauen

Praxistests bieten sich bei allen praktischen Fähigkeiten und Fertigkeiten an. Einen Computer bedienen, eine Seite formatieren, ein Formblatt ausfüllen, ein Ergebnis berechnen – all dies sind Beispiele für praktische Tätigkeiten, für die Sie bestimmte Anforderungen definieren können, am besten als Wertepaare, etwa *kann er* oder *kann er nicht*.

z.B.

Formatierung einer Seite in Textverarbeitung		
	Kann er	Kann er nicht
Seitenränder einstellen	❑	❑
Papierformat einstellen	❑	❑
Abstand vom Seitenrand bei Kopf- und Fußzeilen einstellen	❑	❑
Anwendungsbereich festlegen	❑	❑
Ausrichtung des Papierformates bestimmen	❑	❑
Rahmen einfügen	❑	❑
Papierzufuhr festlegen	❑	❑

Noch einmal zum direkten Vergleich: Eine Frage wie »In welchem Menü von WORD finden Sie die Funktion zum Einfügen von Seitenzahlen?« testet vor allem die Gedächtnisleistung eines Teilnehmers. Ob er die Seitenzahlen nun tatsächlich einfügen kann, lässt sich mit der Frage nicht beantworten.

Aufgaben zu Tests ausbauen

Aufgaben können Sie zu Tests ausbauen, indem Sie sie standardisieren. Dazu müssen Sie die Tests an einer ausreichend großen Zahl von Teilnehmern erproben und die Ergebnisse statistisch auswerten. Zuerst berechnen Sie den Schwierigkeitsgrad: Sie ermitteln, wie häufig Aufgaben richtig gelöst wurden. Aufgaben, die von allen Teilnehmern richtig angekreuzt oder ausgefüllt wurden, sollten Sie aus dem Testpool entfernen. Sie haben keinen Aussagewert. Dasselbe gilt für Aufgaben, die nie richtig gelöst werden. Die restlichen Fragen sollten Sie nach dem Schwierigkeitsgrad sortieren.

Trennschärfe beachten

Berechnen können Sie darüber hinaus die Trennschärfe von Aufgaben. Die Trennschärfe ist ein Index, wie gut eine Aufgabe die guten von den schlechten Lernern unterscheiden hilft. Bilden Sie zwei Gruppen: die 50 Prozent der Lerner mit den besseren Ergebnissen und die 50 Prozent mit den schlechteren Ergebnissen. Überprüfen Sie nun für alle Aufgaben, ob die »Besseren« tatsächlich bei dieser Aufgabe auch mehr Punkte erreichen. Es gibt nämlich Aufgaben, die so leicht erscheinen, dass die Besseren denken, das könne nicht stimmen. Sie suchen daher nach einer komplizierteren Lösung. Auch solche Aufgaben sind für Sie ohne Wert und sollten aus dem Fragepool entfernt werden.

Lernerfolgskontrollen konzipieren

Lernkontrollen sollten Sie möglichst als Lernerfolgskontrollen konzipieren. Der Lernerfolg lässt sich nur präzise ermitteln, indem Sie den Lernzuwachs feststellen. Denn wenn jemand am Ende alles weiß, heißt das nicht automatisch, dass er viel gelernt hat. Vielleicht wusste er vieles schon vorab. Nur wenn Sie vor dem Lernprozess ermittelt haben, welchen Kenntnisstand der einzelne Teilnehmer hat, können Sie im Vergleich zum Test nach der Schulung ermitteln, wie sich die Beschäftigung mit einem Lernstoff auf den Lernstand auswirkt.

Umsetzung unterstützen

Viele Seminare, die von Teilnehmern und Trainer positiv bewertet werden, bleiben trotzdem ohne Erfolg – zumindest aus dem Blickwinkel der Umsetzung des Gelernten, des Transfers, betrachtet. Denn die Umsetzung ist eigentlich das entscheidende Kriterium für den Erfolg eines Seminars. Die meisten Ziele von Weiterbildungen und Qualifizierungen beziehen sich auf die Umsetzung des Gelernten, wie die folgenden Beispiele zeigen:

Umsetzung als wichtigstes Erfolgskriterium

- Das Know-how der Mitarbeiter wird erhöht.
- Mitarbeiter werden neu motiviert.
- Das Arbeitsklima verbessert sich.
- Stress und Fehler nehmen ab.
- Die Arbeitszufriedenheit steigt.

Umsetzung als Lernprozess

Wir können in unseren Überlegungen noch einen Schritt weiter gehen: Am Ende eines Seminars fängt der Lernprozess erst so richtig an. Denn erst nach dem Seminar beginnt der Umsetzungsprozess – und damit eine zweite, wichtige Lernphase, in der das neue Wissen im Arbeitsalltag angewendet wird.

Transferphase optimieren

Diese zweite Lernphase ist deshalb so wichtig, weil von ihrem Erfolg abhängt, ob das Gelernte aus dem Seminar tatsächlich umgesetzt wird.

Für den Trainer ist es deshalb unabdingbar, der Transferphase die nötige Aufmerksamkeit zu widmen und zu überlegen, wie er den Transfer fördern kann.

Ein Hauptgrund für mangelnde Umsetzung liegt im Verhalten des Teilnehmers.

Warum kann der Teilnehmer selbst das größte Umsetzungshemmnis sein?

____

____

____

Gründe für mangelhaften Transfer

Viele Teilnehmer geraten nach dem Seminar schnell wieder in die Alltagsroutine, schnell vergessen sie, was sie gelernt und sich vorgenommen haben. Und natürlich scheuen viele auch den Aufwand, denn Veränderungen sind immer mit Arbeit verbunden. Hinzu kommt: Oft finden die Teilnehmer am Arbeitsplatz keine optimalen Bedingungen für den Transfer vor. All dies führt dazu, dass durchschnittlich nur die Hälfte der Lernausbeute aus dem Seminar tatsächlich auch umgesetzt wird.

Sie können den Transfer unterstützen, indem Sie erst einmal:

Transferunterstützung

- Aufgaben in das Training einbauen, die einen Umsetzungsbezug haben, und
- mit Fallbeispielen arbeiten, die die Praxis der Teilnehmer widerspiegeln.

Zusätzlich können Sie die Teilnehmer anleiten, sich Gedanken über die Umsetzung zu machen, und mögliche Schwierigkeiten bei der Umsetzung aufgreifen und Hilfen für den Umgang mit diesen Schwierigkeiten geben.

Transferbogen nutzen

Eine gute Hilfe ist der Transferbogen. Er begleitet die Teilnehmer während des gesamten Seminars. Der Trainer teilt ihn gleich zu Beginn des

Seminars aus und erläutert den Zweck und die Handhabung. In diesen Bogen schreiben die Teilnehmer alle Tipps und Hinweise auf, die für sie wichtig sind und die sie einmal anwenden wollen.

Merkpunkte im Transferbogen

Die entsprechenden Merkpunkte sollten so konkret wie möglich ausformuliert sein. Ein Merkpunkt wie »Ich will meine Arbeit besser organisieren« nützt wenig. Besser ist eine Formulierung wie: »Ich räume jeden Abend vor dem Verlassen des Büros meinen Schreibtisch leer und mache mir eine Liste, was ich am nächsten Tag erledigen will.«

Aufbau des Bogens

Nach jeder Lerneinheit, spätestens aber am Ende des Tages, bittet der Trainer die Teilnehmer, sich die für sie wichtigen Merkpunkte aufzuschreiben. Wenn möglich, sollte unmittelbar vorher eine Zusammenfassung über die zentralen Inhalte der Lerneinheit erfolgen. Der Bogen kann folgenden Aufbau haben:

Transferbogen

Was ich mir merken will ...

Schreiben Sie sich alle wichtigen Punkte auf, die Sie nach dem Seminar einmal ausprobieren wollen. Formulieren Sie die Punkte so, dass sie möglichst konkret sind. Am Ende jeder Zeile können Sie ein Kreuz setzen, sobald Sie den Punkt tatsächlich umgesetzt haben.

Merkposten	Termin	erledigt
______________________	________	☐
______________________	________	☐
______________________	________	☐
______________________	________	☐
______________________	________	☐
______________________	________	☐
______________________	________	☐

Als Ergänzung können Sie Informationen anfügen, wie die Teilnehmer die Vorhaben umsetzen und dabei Transferhemmnisse vermeiden.

z.B.

Das Gelernte umsetzen

Trotz guter Vorsätze: Nicht immer klappt es, das Gelernte im Arbeitsalltag umzusetzen. Deshalb einige Tipps für die Umsetzung:

1. **Mit dem Wichtigsten anfangen**
   Es gibt immer Dinge, die wichtiger sind als andere. Suchen Sie die wichtigen und dringlichen Punkte heraus und versuchen Sie, sie zuerst umzusetzen.
2. **Nicht zu viel auf einmal**
   Zu viel sollten Sie sich nicht auf einmal vornehmen, sonst geht oft alles schief. Nehmen Sie sich einen oder zwei Punkte vor. Wenn Sie diese geschafft haben, kommen die nächsten Punkte an die Reihe.
3. **Geduld haben**
   Nicht immer gelingt alles beim ersten Mal. Manchmal ist ein zweiter Anlauf notwendig. Überlegen Sie, warum etwas nicht geklappt hat, und versuchen Sie, diese Faktoren auszuschalten.
4. **Oft geht es nur gemeinsam**
   Suchen Sie sich Kollegen, die ähnliche Ziele und Vorstellungen haben. Reden Sie mit ihnen über Ihr Vorhaben. Gemeinsam lassen sich neue Ideen meist besser umsetzen.
5. **Belohnen**
   Seien Sie stolz auf sich, wenn Ihnen eine Änderung gelungen ist. Das ist nicht selbstverständlich. Am besten belohnen Sie sich mit einer Kleinigkeit. Dann steigt auch die Motivation, den nächsten Punkt anzugehen.

Transferheft erstellen

Wenn Sie den Transferbogen mit zusätzlichen Hinweisen zur Umsetzung, zum Umgang mit Transferschwierigkeiten und zum Thema Selbstmotivation ergänzen, wird aus dem Bogen ein Transferheft.

Für Sie als Trainer gibt es ebenfalls eine Möglichkeit, eine Anleitung zur Umsetzung mit wichtigen Merkposten anzufertigen.

Neun Anforderungen an eine professionelle Gestaltung des Trainings

z.B.

1. Sie sorgen für einen interessanten und strukturierten Einstieg.
2. Sie beschränken sich bei der Auswahl der Inhalte auf einen Umfang, den Sie in der gegebenen Zeit lernwirksam vermitteln können.
3. Ihre Trainingsbausteine sind in einzelne Phasen unterteilt. Die Phasen dauern nicht länger als zehn Minuten (Vermittlung) bis 20 Minuten (Erarbeitung).
4. Ihr Training besteht aus einem Wechsel von Informationsaufnahme (Einatmen) und Anwenden des Wissens (Ausatmen).
5. Die Teilnehmer haben oft Gelegenheit, sich am Trainingsgeschehen zu beteiligen.
6. Sie setzen Medien gezielt und variabel ein.
7. Sie sorgen für einen guten Praxisbezug.
8. Die Teilnehmer haben häufig Gelegenheit, Erfahrungen auszutauschen.
9. Ihrem Trainingsablauf liegt eine gute Dramaturgie zugrunde.

Nehmen Sie sich Zeit zur Selbstreflexion

Welche Konsequenzen hat das neue Wissen für Ihre Weiterbildungen, Trainings und Seminare?

- Was haben Sie bisher getan, um Ihren Teilnehmern mit Hilfe von Trainingsmedien das »Weiterbildungs-Leben« zu erleichtern?
- Welche der vorgestellten Lernmedien wollen Sie zukünftig anwenden?
- Wie können Sie zukünftig Lerninhalte so festigen, dass die Teilnehmer sie im Arbeitsalltag einsetzen können?
- Welche Möglichkeiten der Lernkontrolle wollen Sie für Ihre Zwecke nutzen?

5 Schulungsskript – Hilfe vor Ort für den Trainer

Ein Skript zum Training zu schreiben ist für viele Trainer eine lästige Pflicht. Schnell werden einige Folien zusammengestellt und mit mehr oder weniger aussagekräftigen Notizen versehen. Dabei wird übersehen, dass der Einsatz von Skripten viele Vorteile bietet. Hinzu kommt: Skripten sind aus Teilnehmersicht eine Notwendigkeit. Eine häufig gestellte Frage am Anfang eines Seminars lauten: »Müssen wir mitschreiben, oder bekommen wir etwas Schriftliches?« Darum lohnt es sich, sich die Vorteile zu vergegenwärtigen:

Vorteile der Arbeit mit Skript

- Skripten stellen für (potenzielle) Auftraggeber eine willkommene Gelegenheit dar, die Qualität der Arbeit des Trainers zu überprüfen. Und das mit Recht: Wer sich mit seinem Skript Mühe gibt, dürfte auch gut vorbereitet in das Training gehen – und offensichtlich bereits so viel Erfahrungen mit dem Seminarthema haben, dass es sich gelohnt hat, ein ansprechendes und aussagekräftiges Skript zu erstellen.
- Dass Teilnehmer die Skripten ohnehin nicht lesen und es sich deshalb nicht lohnt, in die Erstellung leserfreundlicher und aussagekräftiger Skripten zu investieren, scheint ein Vorurteil zu sein. Meiner Erfahrung nach greifen 60 bis 70 Prozent der Teilnehmer nach der Schulung auf das Skript zurück. Wie gut sie dann damit zurechtkommen, steht natürlich auf einem anderen Blatt.
- Ein (gutes) Skript zu schreiben heißt, sich noch einmal intensiv mit dem Thema zu beschäftigen und den Stoff verständlich und anschaulich aufzubereiten. Davon kann Ihr Training profitieren.

Zusätzliche Beschäftigung mit Trainingsinhalten

Skripten machen Arbeit, und meist nicht wenig. Deshalb erst einmal ein Hinweis:

!

Ein gutes Skript muss nicht unbedingt automatisch auch ein dickes Skript sein.

Einsatzbereiche prüfen

Skripten oder Teilnehmerunterlagen können Teilnehmer zweifach nutzen: zum einen als Seminarbegleiter, also als Merkhilfe im Training, und zum anderen zum Nachschlagen, Nachlesen und Nacharbeiten nach der Weiterbildung.

Skripteinsatz planen

Bevor Sie sich aber an Ihr Skript setzen, sollten Sie überlegen, wie Sie das Skript einsetzen wollen. Der Einsatz hängt von Ihrem Seminarthema und der Art Ihres Unterrichtens ab:

Fachthema

Sie bearbeiten ein **Fachthema**. Die Teilnehmer wissen bisher wenig oder gar nichts über das Thema. Sie müssen deshalb vornehmlich Basiswissen vermitteln und setzen häufig den Beamer ein.	Dann sollten Sie das Skript in den Trainingsablauf integrieren. Teilen Sie das Skript vorab aus und erläutern Sie den Teilnehmern regelmäßig, wo Sie derzeit stehen und welches Thema Sie als nächstes ansprechen wollen. Die Teilnehmer können sich dann im Skript Notizen machen.
Ein Beispiel: Sie beschäftigen sich mit einem Thema aus dem Bereich **Informationstechnik**.	Dann ist es sinnvoll, den Unterricht in die drei Phasen zu teilen: ■ Sie präsentieren die Programmfunktionen. ■ Die Teilnehmer vollziehen danach die Funktionen nach. ■ Es schließt sich eine Übung an. Teilen Sie das Skript aus, wenn die Teilnehmer die Schritte nachvollziehen. Es ist für sie eine willkommene Gedächtnisstütze, gleichzeitig lernen Sie, mit dem Skript zu arbeiten – was sie dann hoffentlich auch nach der Schulung tun.

Sie arbeiten im **verhaltensorientierten Bereich** (etwa Zeitmanagement oder Führung).	Dann haben Sie kaum Theorieunterricht und setzen nur wenige Folien ein. Dafür führen Sie viele Gespräche und machen viele Übungen. Ein Skript würde hier eher stören. Oder: Sie nutzen ein Skript, das sich gut zum Nachschlagen und Nachlesen eignet. Dann sollten Sie das Skript zu Beginn des Seminars austeilen, aber gleichzeitig erklären, welchen Stellenwert das Skript für das Trainingsgeschehen hat.

Verhaltensorientierter Bereich

Folien als Basis

Bei Fachthemen empfiehlt es sich, als Ausgangspunkt für das Skript die Folien zu nehmen, die Sie im Training einsetzen. PowerPoint bietet Ihnen eine Notizansicht. Wenn Sie diese nutzen und zu jeder Folie einige erläuternde Sätze schreiben, dann die Informationen gut gliedern und wichtige Schlüsselwörter, die sich auch in der Folie finden, unterstreichen, haben Sie auf einfache Weise ein gutes Skript erstellt. Sie können gleich noch die Arbeitsblätter, Merkblätter usw. ergänzen.

Seminarbegleiter »Skript«

Das Skript als Seminarbegleiter bietet sich bei allen Schulungen an, bei der die Wissensvermittlung im Mittelpunkt steht. Dies ist vornehmlich der Fall in Seminaren mit fachlichem Schwerpunkt und bei IT-Kursen. Hier sollen die Teilnehmer Ihre Ausführungen nachvollziehen können. Sie können Ergänzungen im Skript vornehmen und sich Anmerkungen an den Rand schreiben.

Bei verhaltensorientierten Seminaren macht ein seminarbegleitendes Skript hingegen weniger Sinn, denn im Mittelpunkt steht die gemeinsame Erarbeitung. Das Mitlesen ist nicht nötig und würde eher stören.

Folien + Erläuterung = Skript

Noch einmal zurück zu der Überlegung, ein Skript auf der Grundlage Ihrer Folien zu erstellen: Häufig wollen die Teilnehmer diese Folien ohnehin haben, weil sie nicht alles abschreiben wollen. Deshalb sollten Sie aus der Not eine Tugend machen, zu den Folien einige erläuternde Sätze schreiben und dies dann als Skript ausgeben – dazu ein Beispiel:

z.B.

1. Verwenden Sie als Grundlage Ihre PowerPoint-Präsentation.
2. Wechseln Sie in die Notizansicht.
3. Schreiben Sie zu jeder Folie einen Kurztext, um den Inhalt der Folie zu erläutern.
4. Heben Sie durch Fettdruck die zentralen Begriffe heraus, die sich auch in der Folie finden.

Arbeitsblätter einbinden

Sie können zusätzlich die Arbeitsblätter in das Skript einbinden und daraus eine Art Lernheft entwickeln.

Unterlagen didaktisieren

Im nächsten Schritt können Sie Ihre Unterlagen weiter didaktisieren und mit Übersichten, Übungen, Fragen zum Verständnis anreichern, um so eine Lernunterlage zu schaffen. Ein Inhalts- und Stichwortverzeichnis und vielleicht auch noch ein Glossar runden das Skript ab. Bei IT-Skripten liegt der Schwerpunkt bei der Vermittlung von Abläufen. Und das sollte sich auch in Ihrem Skript widerspiegeln.

Die Teilnehmer müssen den Text verstehen und mit dem Skript auch dann arbeiten können, wenn sie am Training nicht teilgenommen haben.

Skript sinnvoll einsetzen

Nach der Art der Schulung und der Funktion des Skripts richtet sich auch sein konkreter Einsatz. Sie haben grundsätzlich drei Möglichkeiten.

Einsatzmöglichkeit 1: Vorbereitung auf das Seminar

Die Idee, Teilnehmern vorab schriftliche Unterlagen zur Vorbereitung zur Verfügung zu stellen, hat einige Vorteile:

Mit Skript auf Weiterbildung vorbereiten

- Das Seminar wird von der reinen Wissensvermittlung entlastet.
- Unter- und Überforderung können vermieden werden, was bei einem reinen Fachvortrag, der nur Wissen vermitteln will, eher passieren kann.
- Die Vorkenntnisse der Teilnehmer können homogenisiert werden.

Alle Teilnehmer kommen mit vereinheitlichten Vorkenntnissen ins Seminar.
- Mit Hilfe von Beobachtungsaufgaben können die Teilnehmer angeleitet werden, sich auch gedanklich auf das Seminar vorzubereiten.

Skript als Vorabinformation

So sinnvoll solch eine Vorabinformation ist, so schwierig ist die Umsetzung in der Praxis. Erstens kann nicht immer sichergestellt werden, dass die Unterlagen, besonders bei Ersatzteilnehmern, die Teilnehmer rechtzeitig erreichen. Zum anderen zeigt die Erfahrung, dass nur immer ein Teil der Teilnehmer die Unterlagen wirklich durcharbeitet. Viele lesen sie nur an. Und dann verpufft der positive Effekt der Vorabinformation.

Und darum sollten Sie für Ihre Teilnehmerunterlagen, die der Vorbereitung auf ein Seminar dienen, folgende Konsequenzen ziehen:

Folgen für Teilnehmerunterlagen

- so wenig Informationen wie möglich, so viel Information wie nötig
- so anschaulich und so leserfreundlich wie möglich
- im Seminar nur dasjenige – durch die Unterlagen vermittelte – Vorwissen zugrunde legen, bei dem sichergestellt ist, dass alle Teilnehmer es durch die Beschäftigung mit dem Skript auch tatsächlich haben

Reflexionsaufgaben zusenden

Vor allem bei verhaltensorientierten Seminaren muss überlegt werden, ob den Teilnehmern statt der Teilnehmerskripten nicht besser Reflexionsaufgaben zugeschickt werden sollten. Reflexionsaufgaben dienen dazu, die Teilnehmer auf das Seminar einzustimmen, ein Bewusstsein für bestimmte Fragen und Sichtweisen zu schaffen und eine Grundlage für Analyse und Gespräche im Seminar zu schaffen.

Einsatzmöglichkeit 2: Begleitung des Seminars

Wenn Ihre Teilnehmer mitlesen und Notizen anfertigen sollen, ist es klug, das Skript am Anfang des Seminars auszuteilen. Erläutern Sie gleichzeitig die Funktion des Skriptes im Training und geben Sie Tipps, wie die Teilnehmer damit umgehen sollen.

Einsatzmöglichkeit 3: Nachlesen und Nachschlagen

Sie möchten nicht, dass die Teilnehmer während der Schulung im Seminar blättern, Sie sollen sich auf das Thema konzentrieren. Außerdem sollen die Teilnehmer viele Inhalte selbst erarbeiten – im Gespräch mit

Ihnen oder im Rahmen von Partner- und Gruppenübungen. Dabei würde ein Skript nur stören.

Skript als »Lexikon«

In diesem Fall erläutern Sie den Teilnehmern Ihre Vorgehensweise, teilen das Skript zu Beginn aus – versehen mit der Bitte, nicht parallel mitzulesen. Zusätzlich können Sie die Ergebnisse der Arbeitsphasen mit der Digitalkamera dokumentieren oder den Teilnehmern zu jedem Thema ein Blatt mit den wichtigsten Merkposten austeilen.

Je nach Funktion sollten Skripten bestimmten Anforderungen genügen:

Anforderungen an Skripten

- *Nachschlagen:* Die Teilnehmer suchen eine bestimmte Information, die sie gerade jetzt brauchen. Dann ist es wichtig, dass sie schnell die richtige Information finden. Das können Sie unterstützen, indem Sie »Schlüssel zur Information« schaffen und mit einem Inhaltsverzeichnis, einem Stichwortverzeichnis oder einem Glossar arbeiten, aber auch in den Text Checklisten, Übersichten und Merksätze einbauen.
- *Nachlesen:* Um Teilnehmer zum Nachlesen zu motivieren, muss der Text sie dazu einladen. Er muss gut geschrieben sein, der Leser muss das Gefühl haben, schon auf den ersten Seiten zu (für ihn) wichtigen Erkenntnissen zu gelangen. Das Lesen sollte zudem möglichst Spaß machen. Hier zahlt es sich aus, wenn Sie eine gute »Schreibe« haben.

Nachschlagen, nachlesen, nacharbeiten

- *Nacharbeiten:* Nehmen Sie das Wort »Arbeiten« wörtlich. Skripten »nur« durchzulesen führt zu einem nur flüchtigen Eindruck. Das zeigen Untersuchungen. Man behält durchschnittlich 10 Prozent von dem, was man liest, aber 90 Prozent von dem, mit dem man sich (intensiv) beschäftigt.

z.B.

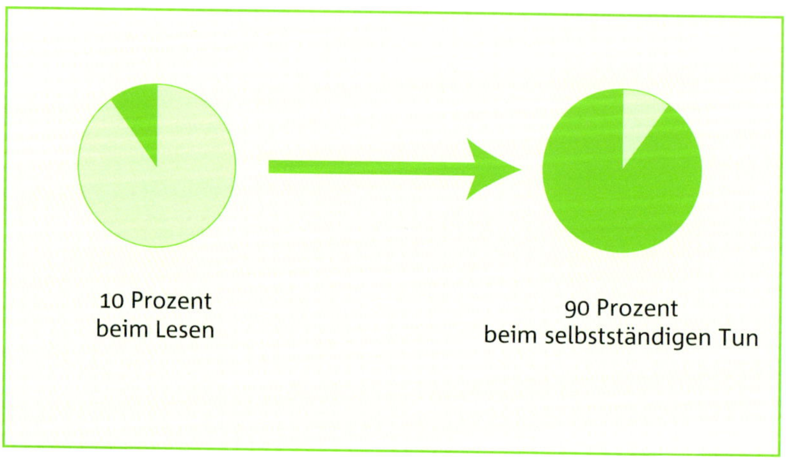

Eine intensive Beschäftigung mit dem Skript erreichen Sie, wenn Sie den Text mit didaktischen Elementen anreichern, die Sie aus Ihrem Training kennen, etwa mit Übungen und Lernkontrollen.

- *Selbststudium:* Wenn Sie den Text so aufbereiten, dass er Ihr Trainingsgeschehen widerspiegelt, und Ihr methodisches Vorgehen auf das Skript übertragen, kann es auch dem Selbststudium dienen. Damit eröffnen sich für Sie neue Möglichkeiten, etwa die Wissensvermittlung als Selbstlernphase zu definieren und vor den Seminarbeginn zu platzieren, um schließlich in der Präsenzphase mehr Zeit für die Fragen und Probleme der Teilnehmer zu haben. Aus dem Seminar kann dann ein Workshop werden.

Allein mit Skript arbeiten

Hinzu kommt: Außerdem ist ein didaktisch aufbereiteter Text ein wichtiger (erster) Schritt bei der Entwicklung von Computer-Lernprogrammen.

Anforderungen an Text- und Seitengestaltung

Natürlich sind auch Ansprüche an die Text- und Seitengestaltung zu stellen, und zwar ganz ähnliche wie die, die bei einem guten Vortrag von Bedeutung sind. Ein Skript muss:

- in der Wortwahl und im Satzbau verständlich sein,
- durch Beispiele, Fälle, Vergleiche, Abbildungen anschaulich sein,
- durch Übersichten, Abschnitte, Zusammenfassungen, Hervorhebungen gut strukturiert sein und
- über ein gutes Layout verfügen – das Skript soll zum Lesen einladen, nicht abschrecken.

Überlegen Sie bitte, ob Sie den Teilnehmern pro Thema oder pro Baustein Ihres Trainings ein eigenes Miniskript geben. Das hat gleich mehrere Vorteile:

Miniskript erstellen

- Sie brauchen nur die Teilskripten abzugeben, die Sie tatsächlich im Training behandelt haben.
- Sie können mit dem Austeilen des jeweiligen Skripts deutlich machen, dass jetzt ein Unterrichtsabschnitt beendet ist.
- Sie brauchen nicht mit Übungsblättern und Skript zu arbeiten. Übungsblätter lassen sich schneller auffinden.

Damit ist auch gleich die Frage beantwortet, wann man das Skript an die Teilnehmer austeilen sollte:

Skript an Teilnehmer übergeben

- Man schickt es ihnen vorab zu.
  Nachteil: Kaum ein Teilnehmer wird es durcharbeiten, obwohl dies eine sehr gute Vorbereitung auf das Training wäre.
- Sie teilen das Skript am Anfang des Trainings aus.
  Nachteil: Die Teilnehmer blättern, fragen nach, wo Sie jetzt dran sind, beschweren sich, weil etwas im Skript fehlt oder anders formuliert ist.
- Sie geben es am Ende des Seminars aus.
  Nachteil: Die Teilnehmer wissen nicht, was sie mitschreiben sollen.

Teilnehmer über Vorgehensweise informieren

Sie sehen, jede Methode hat auch Nachteile. Vielleicht sind Teilskripten ein guter Weg, diese Nachteile zu relativieren. In jedem Fall aber sollten Sie den Teilnehmern gleich zu Beginn des Seminars sagen, wann sie das Skript erhalten und, genauso wichtig, wie das Skript aufgebaut ist, welche Funktionen es erfüllen soll (Nachschlagen, Wiederholen, Erleichterung der Mitschrift) und wie sie mit dem Skript arbeiten können.

Besonderheiten bei IT-Skripten berücksichtigen

IT-Themen stellen besondere Anforderungen an die Vermittlung. Wenn Sie keine IT-Skripten erstellen, können Sie dieses Kapitel überschlagen. Ansonsten wird es Ihnen nützliche Informationen bieten.

Basiseinheit festlegen

Zunächst einmal legen Sie die Trainingseinheiten und deren Reihenfolge fest. Für jede IT-Anwendung gibt es eine Basiseinheit, die zuerst vermittelt werden sollte. Die Basiseinheit stellt die erste und in der Regel wichtigste Anwendung des Programms dar. Bei der Textverarbeitung heißt sie immer »Texte schreiben«, bei der Tabellenkalkulation in der Regel »Tabelle aufbauen/Daten eingeben«.

Weitere Bausteine

Um diese Basiseinheit gruppieren sich weitere wichtige Bausteine – Bausteine, die jeder Teilnehmer und jeder Anwender kennen und nutzen lernen sollte.

Die Basisbausteine können Sie grafisch um die Basiseinheit herum gruppieren. Für eine Textverarbeitung ergibt sich zum Beispiel das folgende Bild:

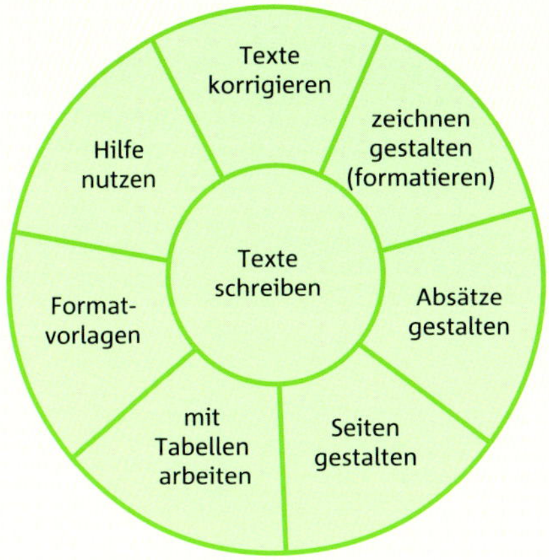

Die zentrale und damit erste Einheit im Training lautet »Texte schreiben«. Danach können Sie die Reihenfolge der Bausteine festlegen, etwa so, wie sie im Training aufeinanderfolgen sollen. Ein Vorschlag für unser Beispiel:

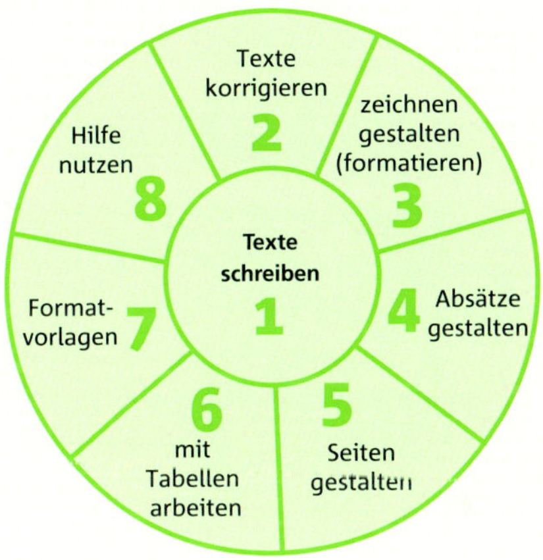

Nutzen des Kreismodells

Das Kreismodell hilft nicht nur, die Inhalte für die Darstellung im Skript zu finden. Es hilft auch, die Reihenfolge der Themen festzulegen.

Umsetzungsproblematik diskutieren

Am Ende eines Seminars sollte der Trainer mit den Teilnehmern mögliche Umsetzungsschwierigkeiten und -hemmnisse besprechen und gemeinsam überlegen, wie man dagegen angehen kann. Planen Sie dazu genügend Zeit ein, um deutlich zu machen, dass die Umsetzung (fast) nie reibungslos vonstatten geht.

Binnenstruktur der Bausteine

Kommen wir zur Binnenstrukturierung der Bausteine. Jeder Baustein besteht aus mehreren Schritten. Für die Basiseinheit zur Textverarbeitung »Text schreiben« könnten die Schritte folgendermaßen aussehen.

- Programm aufrufen
- Text eingeben
- einfache Korrekturmöglichkeit
- Text speichern
- Text drucken

Die zwei wichtigsten Regeln für das »Zuschneiden« der Schritte zu einzelnen Bausteinen sind:

Bausteine »zuschneiden«

- Am Ende sollte immer ein Erfolgserlebnis für den Teilnehmer stehen, wie hier der fertig ausgedruckte Text.
- Es sollte bei einer überschaubaren Anzahl von Schritten bleiben. Sieben Schritte ist eigentlich die obere Grenze, ab neun Schritten sollten Sie unbedingt überlegen, ob nicht eine Aufteilung in zwei (abgeschlossene) Einheiten möglich ist.

Mediale Unterstützung im IT-Bereich

Im Mittelpunkt von IT-Schulungen steht die Unterweisung mit den drei Phasen Vormachen, Nachmachen und Üben. Dieses Vorgehen muss medial unterstützt werden, um den Teilnehmern nicht unnötig Merkleistungen abzuverlangen. Um dies sicherzustellen, sollten die Lernunterlagen grundsätzlich folgende Angaben beinhalten:

Angabe zu den Schritten

Schritte: Es handelt sich um Hinweise, welche Schritte nötig sind, um die Aufgabe zu lösen. Dies ist noch unabhängig vom Programm und dient in erster Linie der Orientierung.

z.B.

Arbeiten mit dem Papierkorb

1. Papierkorb öffnen
2. Löschen rückgängig machen
3. Dateien endgültig löschen

Eingaben erläutern

Eingaben: Was muss der Teilnehmer eingeben, um mit Hilfe des Programms den einzelnen Schritt zu gehen?

z.B.

Papierkorb öffnen

Über einen Doppelklick können Sie Ihren Papierkorb öffnen und nachsehen, welche Dateien oder Ordner sich darin befinden.

Rechner-Reaktionen: Wie reagiert der Rechner darauf? Dies ist ein wichtiger Kontrollschritt für den Teilnehmer.

Rechner-Reaktionen nennen

z.B.

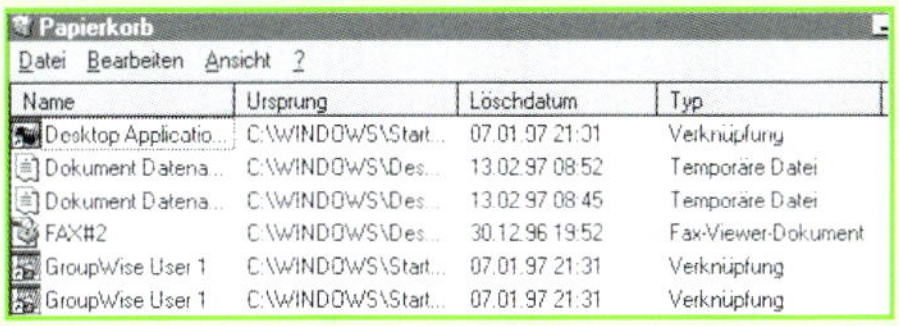

Beachten Sie zudem folgende Fragen: Welche Fehler tauchen bei diesen Schritten auf? Wo findet man Hilfen, wenn man Fragen hat? Welche Tipps und Tricks gibt es, um sich die Arbeit zu erleichtern?

Ergebnis reflektieren

Als Alternative zu einem Skript können Sie auch ein Unterweisungsblatt erstellen. Für jede Ihrer Trainingsbausteine erhalten die Teilnehmer solch ein Blatt. Den Aufbau kennen Sie bereits: Das Unterweisungsblatt listet in der ersten Spalte die Schritte auf, in der zweiten die Eingaben, in der dritten die Rechner-Reaktion. Es unterstützt die Teilnehmer in der Phase »Nachmachen und Üben« und auch über die Schulung hinaus.

Unterweisungsblatt erstellen

Zu der Vorgehensweise insgesamt finden Sie hier ein komplexeres Beispiel:

z.B.

Arbeiten mit dem Papierkorb

Um Dateien oder Ordner zu löschen, verwenden Sie den Papierkorb. Durch Ziehen der Dateien oder Ordner, die Sie löschen möchten, werden die entsprechenden Dateien gewissermaßen zunächst in den Papierkorb verschoben. Der Papierkorb hat gleich zwei nützliche Funktionen: Sie können unnötige Dateien und Ordner leicht beseitigen, Sie können aber auch Weggeworfenes wieder aus dem Papierkorb hervorkramen – solange Sie den Papierkorb nicht geleert haben.

Schritte	Eingaben	Rechner-Reaktion
Papierkorb öffnen	Über einen Doppelklick können Sie Ihren Papierkorb öffnen und nachsehen, welche Dateien oder Ordner sich darin befinden.	

Schritte	Eingaben	Rechner-Reaktion
Löschen rück-gängig machen	Möchten Sie eine bereits im Papierkorb befindliche Datei wieder herausholen, brauchen Sie diese aus dem Papierkorb nur an die Stelle zu ziehen, wo Sie die Datei oder den Ordner hinhaben möchten.	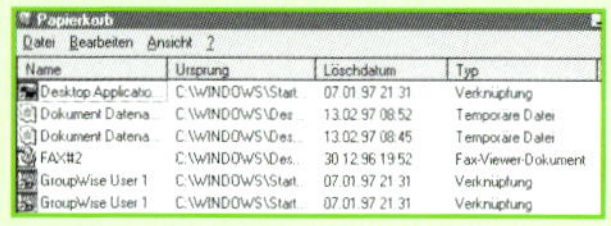
Dateien endgültig löschen	Endgültig gelöscht wird der Inhalt des Papierkorbs durch den Befehl »Papierkorb leeren«.	
	Nachdem Sie das Löschen noch einmal bestätigt haben, können Sie die Daten nicht wieder zurückholen.	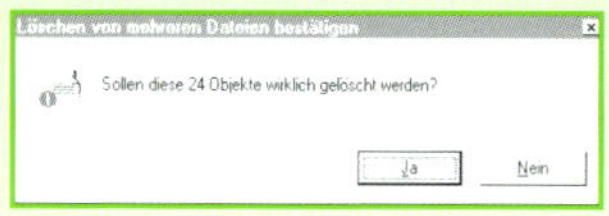

Skript erstellen

Im Folgenden erfahren Sie die wichtigsten Schritte, die dazu führen, ein teilnehmerorientiertes Skript zu erstellen.

Umfang und Aufbau des Skriptes planen

Wie lang darf ein Skript sein? Die Frage ist deshalb wichtig, weil der Umfang des Lernstoffs und damit auch der Umfang der Texte Einfluss auf die Motivation der Teilnehmer haben. Wer sich mit dicken Büchern von 200 und mehr Seiten beschäftigen muss, und das vielleicht noch nicht einmal freiwillig, verliert schnell die Lust. Deshalb sollten Sie den Lernstoff in überschaubare Lerneinheiten aufteilen.

Umfang berechnen

Der Umfang dieser Lernbausteine bemisst sich aus der Dauer, die die Teilnehmer zum Durcharbeiten benötigen, und ihrer Fähigkeit, sich zu konzentrieren. Ein durchschnittlicher Leser benötigt ca. drei bis fünf Minuten, um eine Seite aufmerksam zu lesen. Hinzu kommt noch die Zeit, die er braucht, um Wichtiges anzukreuzen und herauszuschreiben. Schließlich sollten in didaktischen Texten Übungen eingestreut sein. Zusammengenommen können Sie davon ausgehen, dass Ihre Leser fünf bis zehn Minuten benötigen, um eine Seite durchzuarbeiten.

Kriterien für Umfangsberechnung

Die Aufmerksamkeit sinkt beim Lesen recht schnell. Schon nach etwa zehn Minuten nimmt sie ab. Nach spätestens 45 Minuten sollte der Teilnehmer einen Lernabschnitt abgeschlossen haben. Rechnet man dies um, sollte ein Lernbaustein (Kapitel) nicht mehr als fünf bis sieben Seiten umfassen.

Damit haben wir jetzt eine wichtige Größe, um den Skriptaufbau zu planen. Denn die Zahlen Fünf und Sieben spielen beim Lernen eine wichtige Rolle:

- mindestens fünf, durchschnittlich sieben Informationen kann man sich gleichzeitig merken.
- mindestens fünf, durchschnittlich sieben Wiederholungen benötigt man, um Lernstoff fest im Gedächtnis zu verankern.

Es verwundert dann auch nicht, dass Lernende in der Regel am besten mit Texten zurechtkommen, die aus fünf bis maximal sieben Kapiteln bestehen.

Idealer Umfang: 25–55 Seiten

Womit wir dann auch den Umfang des Skriptes festlegen können: Fünf bis sieben Kapitel multipliziert mit der Seitenzahl pro Kapitel, zusätzlich die Rahmenseiten wie Inhaltsverzeichnis, Stichwortverzeichnis, Lernkontrollen usw. – das macht zusammen 25 bis 55 Seiten.

Gehen wir einen Schritt weiter, nämlich zur Planung der Themenfolge. In jedem Kapitel sollten Sie nur ein Thema behandeln. Das ist eine Frage der Übersichtlichkeit und der Strukturierung.

Suchen Sie eines Ihrer klassischen Seminarthemen heraus:
Welche maximal sieben Themen wollen Sie behandeln?

1. ______________________________

2. ______________________________

3. ______________________________

4. ______________________________

5. ______________________________

6. ______________________________

7. ______________________________

Skripttext entwickeln

Sie haben den Aufbau Ihres Skripts geplant, jetzt können Sie mit dem Schreiben beginnen. Legen Sie zuerst fest, in welcher Reihenfolge Sie welche Informationen zu den einzelnen Themen vermitteln wollen. Danach überlegen Sie, in welcher Tiefe Sie Inhalte und Wissen vermitteln wollen.

TIPP

Eine Regel vorweg: Wichtiges gehört immer an den Anfang, danach folgen die Details.

Ziele und Vermittlungsformen

Bei der Frage, wie der Lernstoff zu vermitteln ist, hilft ein Rückgriff auf die Ziele der Vermittlung. Den vier Zielen *Wissen, Verstehen, Anwenden, Beurteilen* lassen sich verschiedene Vermittlungsformen zuordnen.

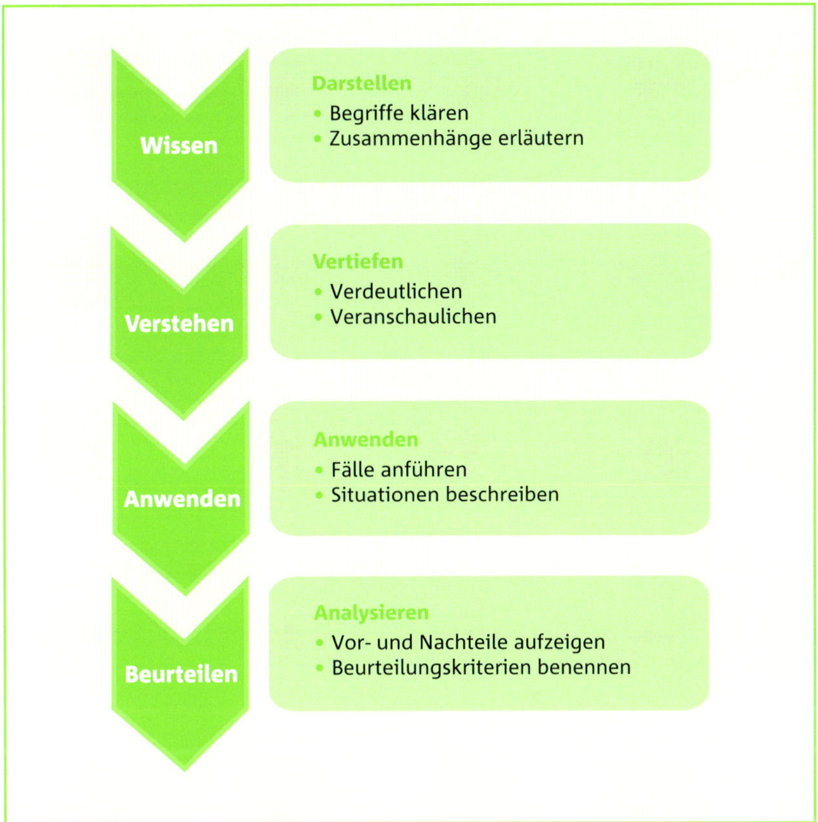

Was ist unter den einzelnen Begriffen zu verstehen? Sie wollen *Wissen* vermitteln und Zusammenhänge *darstellen*. Dann ist es Ihre Aufgabe, Begriffe zu klären und Zusammenhänge zu erläutern. Dazu ein Beispiel:

Wissen vermitteln und darstellen

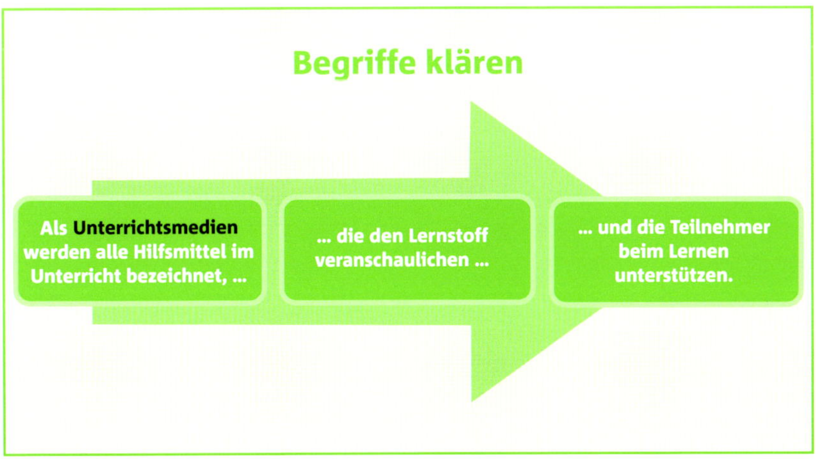

Verstehen und vertiefen

Um das *Verstehen* zu fördern, werden die Kenntnisse *vertieft*. Dabei stehen Ihnen zwei Möglichkeiten zur Verfügung:

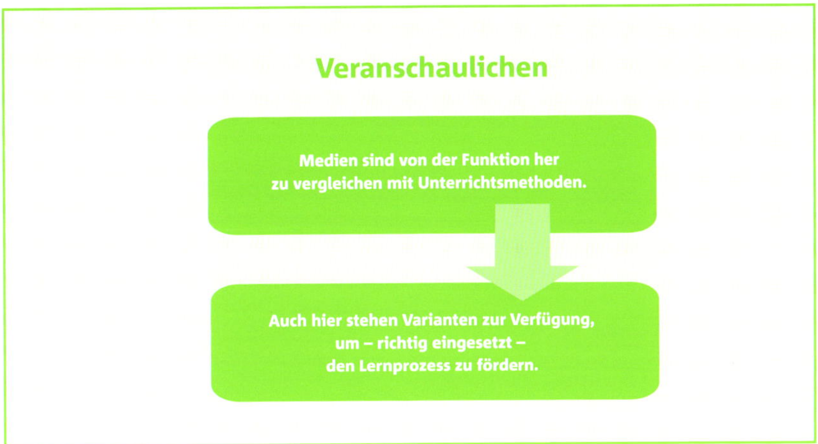

Anwenden

Mit der *Anwendung* wird ein Bezug zur Praxis geschaffen.

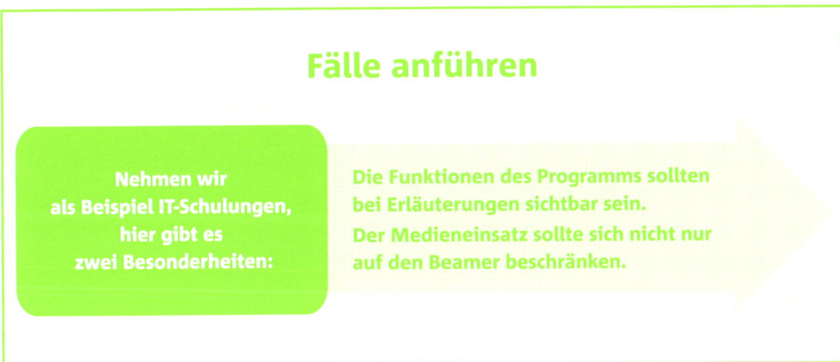

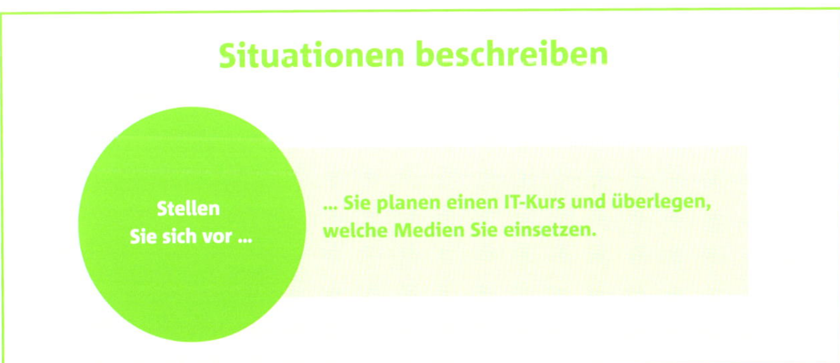

Beurteilen und analysieren

Kommen wir zur letzten Stufe, der *Beurteilung*. Hier geht es darum, dem Teilnehmer Mittel an die Hand zu geben, um Situationen richtig einschätzen und *analysieren* zu können.

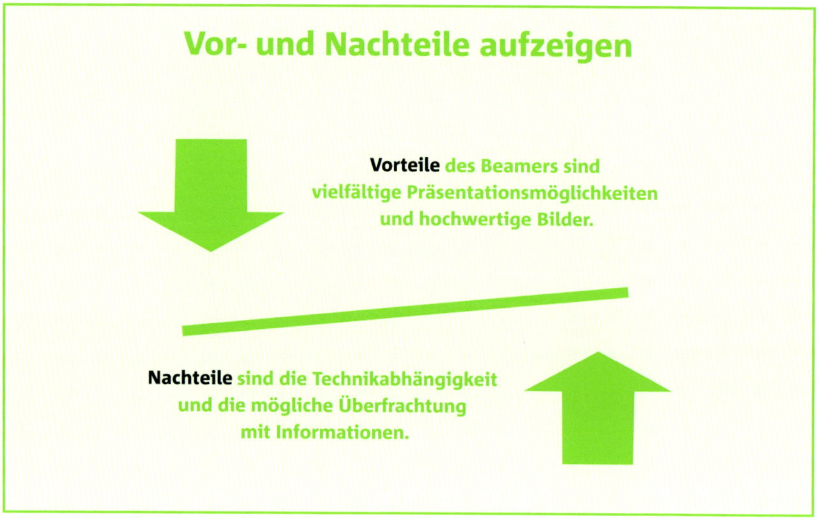

Situationen aufzeigen

Als zweite Möglichkeit können Sie Situationen aufzeigen oder den Teilnehmer in Situationen versetzen.

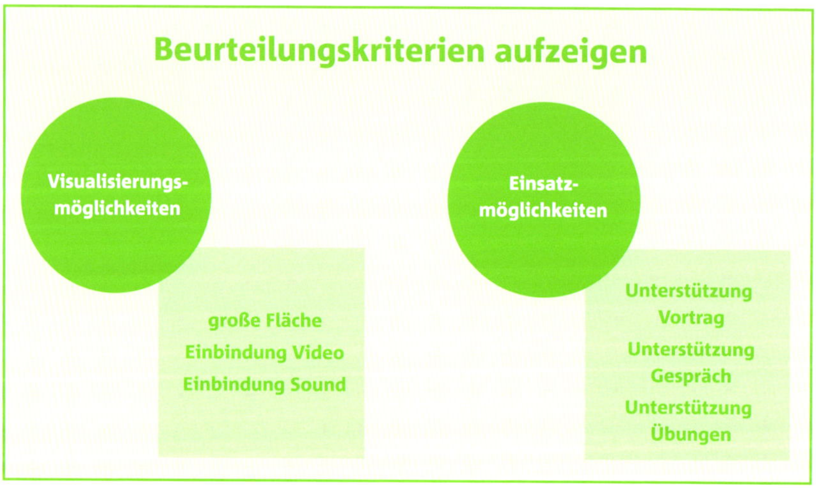

Die verschiedenen Darstellungsmöglichkeiten eröffnen Ihnen die Möglichkeit zu entscheiden, mit welchem Ziel und damit mit welcher Tiefe Sie den Stoff vermitteln wollen.

Formblatt nutzen

Zur systematischen Planung können Sie das folgende Formblatt nutzen. Gehen Sie dabei von der Strukturierung in Themen und Inhaltsaspekten aus:

Thema	______________________	
Inhaltsaspekt	______________________	
Ziel	**Darstellung**	**Stichworte**
☐ Wissen	☐ Begriffe erklären	______________
	☐ Zusammenhänge erläutern	______________
☐ Verstehen	☐ Verdeutlichen	______________
	☐ Veranschaulichen	______________
☐ Anwenden	☐ Fälle anführen	______________
	☐ Situationen beschreiben	______________
☐ Beurteilen	☐ Vor- und Nachteile aufzeigen	______________
	☐ Beurteilungskriterien benennen	______________
Inhaltsaspekt	______________________	
Ziel	**Darstellung**	**Stichworte**
☐ Wissen	☐ Begriffe erklären	______________
	☐ Zusammenhänge erläutern	______________
☐ Verstehen	☐ Verdeutlichen	______________
	☐ Veranschaulichen	______________
☐ Anwenden	☐ Fälle anführen	______________
	☐ Situationen beschreiben	______________
☐ Beurteilen	☐ Vor- und Nachteile aufzeigen	______________
	☐ Beurteilungskriterien benennen	______________

Inhaltsaspekt		
Ziel	**Darstellung**	**Stichworte**
☐ Wissen	☐ Begriffe erklären	___
	☐ Zusammenhänge erläutern	___
☐ Verstehen	☐ Verdeutlichen	___
	☐ Veranschaulichen	___
☐ Anwenden	☐ Fälle anführen	___
	☐ Situationen beschreiben	___
☐ Beurteilen	☐ Vor- und Nachteile aufzeigen	___
	☐ Beurteilungskriterien benennen	___

Inhaltsaspekt		
Ziel	**Darstellung**	**Stichworte**
☐ Wissen	☐ Begriffe erklären	___
	☐ Zusammenhänge erläutern	___
☐ Verstehen	☐ Verdeutlichen	___
	☐ Veranschaulichen	___
☐ Anwenden	☐ Fälle anführen	___
	☐ Situationen beschreiben	___
☐ Beurteilen	☐ Vor- und Nachteile aufzeigen	___
	☐ Beurteilungskriterien benennen	___

Skripttext formulieren

Schreiben kann grundsätzlich jeder. Denn Schreiben ist ein Handwerk. Entscheidend dabei ist, wie viel Mühe Sie sich mit Ihrem Text machen. Denn Sie entscheiden, ob Ihr Text für den Leser interessant oder langweilig, lebendig oder steif, ansprechend oder abschreckend, verständlich oder unverständlich wirkt. Sie entscheiden mithin, ob der Leser den Eindruck hat:

Lebendige Skripttexte

- Sie wollten sich profilieren, weil der Text von Fachbegriffen, Fremdwörtern und verwirrenden Satzkonstruktionen nur so strotzt,
- er – der Leser – sei Ihnen egal, weil Sie sich so wenig Mühe mit dem Text geben.

Denken Sie daran: Entweder der Autor gibt sich Mühe – oder alle seine Leser müssen es tun. Allein aus ökonomischer Sicht dürfte es besser sein, wenn der Autor das übernimmt. Und das trifft besonders auf die Textgestaltung zu.

Verständlichkeit sichern

Zentrale Forderung an die Textgestaltung ist die Verständlichkeit. Die Verständlichkeit zeigt sich in drei verschiedenen Punkten:

Aspekte der Verständlichkeit

- *Einfachheit:* Sie sollten auf einfach zu verstehende Wörter und Sätze achten. Das sollte eigentlich eine Selbstverständlichkeit sein, wird aber leider oft übersehen. Denken Sie daran: Die Teilnehmer kennen sich mit dem Thema nicht aus. Sonst würden sie sich ja nicht damit beschäftigen.

- *Anschaulichkeit:* Ein guter Skripttext sollte Bilder in den Köpfen der Leser schaffen. Eine solche Anschaulichkeit lässt sich durch sprachliche Mittel wie Beispiele und Vergleiche erreichen.
- *Strukturierung:* Für den Teilnehmer sollte der rote Faden immer erkennbar sein. Er sollte wissen, was auf ihn zukommt, was in welchem logischen Zusammenhang steht, was besonders wichtig für ihn ist.

Neben diesen formalen Kriterien muss ein Skripttext drei Bedingungen erfüllen:

Anforderungen an Skripttexte

1. hoher Erkenntniswert – die Lektüre sollte für den Leser einen hohen Nutzen bringen.
2. Bezug zur Praxis – der Nutzer des Skriptes sollte sich, seinen Alltag, seine Probleme im Text wiederfinden.
3. Möglichkeiten zur Umsetzung – der Teilnehmer sollte Wege aufgezeigt bekommen, die neuen Erkenntnisse im Alltag zu nutzen.

TIPP

Übrigens: Es gibt einen guten Prüfstein für die Qualität von Texten. Lesen Sie sich den Text laut vor. Wenn Sie dabei ins Stocken geraten, wenn Sie merken, dass irgendetwas den Lesefluss stört, geht es Ihnen nicht anders als den Lesern Ihrer Texte auch.

Einen Text schreiben, den andere lesen, der »bestehen« bleibt, der der Kritik anderer ausgesetzt ist – das empfinden viele Trainer als schwierig. Sie wollen es dann oft besonders gut machen, wägen Wort für Wort und Satz für Satz ab. Das kostet viel Zeit, und das Ergebnis wird dadurch nicht unbedingt besser.

Zielorientiert vorgehen

Das muss aber nicht so sein. Denken Sie bitte an die Ziele, die Sie mit dem Schreiben erreichen wollen: Die Teilnehmer sollen möglichst gut informiert werden und möglichst gut lernen. Es geht weniger darum, sich als Fachmann zu profilieren und zu zeigen, welche immensen Fachkenntnisse man besitzt und wie »wissenschaftlich« man sich ausdrücken kann. Denken Sie an ein alltägliches Gespräch in der Familie. Hier geben Sie sich Mühe, einfach und verständlich zu sprechen, wie in vielen anderen Kommunikationssituationen auch.

Sprechen und schreiben

Was für den mündlichen Sprachgebrauch gilt, sollte auch für Ihre Skripttexte gelten. Halten Sie sich deshalb an den Rat: *Schreibe, wie du sprichst.*

Als Trainer können Sie die Regel abändern: *Schreibe, wie du im Training sprichst.*

Schreiben – dann korrigieren

Beachten Sie bitte auch die folgende Regel: Erst schreiben, dann korrigieren. Lassen Sie Ihren Gedanken freien Lauf und nutzen Sie die Gunst der Stunde, wenn Sie eine produktive Phase haben. Im zweiten Schritt können Sie immer noch an Ihrem Text feilen. Denn das ist ja das Gute an Texten: Man kann sie jederzeit verbessern.

TIPP

Beginnen Sie mit den Gedanken und den Themen, die Ihnen leicht von der (Schreib-)Hand gehen. Skriptteile wie die Einführung können Sie ohnehin besser ausformulieren, wenn Sie einen guten Teil des Textes bereits geschrieben haben.

Verständlichkeit

Kommen wir zu der Frage, was konkret einen verständlichen Text auszeichnet. Vielleicht können Sie sich die Merkmale selbst erarbeiten.

Bitte lesen Sie den folgenden Text durch. Schätzen Sie anschließend ein, was Ihnen positiv und was Ihnen negativ aufgefallen ist.

Satz 1:
Sicheres Auftreten und das Charisma einer Person ist in vielen Situationen, ob bei Präsentationen, in Meetings, bei Führungsaufgaben, in der Kommunikation, bei Konflikten, von tragender Bedeutung, manchmal fast zwingend, denn am Auftreten hängt die Wirkung und die Leuchtkraft einer Person.

Satz 2:
Im Auftreten zeigt sich die Positionierung Ihrer eigenen Persönlichkeit innerhalb eines sozialen Gefüges, der Hierarchie, einer Beziehung.

Satz 3:
Nach dem Kommunikationsmodell »Vier Seiten einer Nachricht« von Schulz von Thun offenbart sich im Auftreten und im interpersonellen Kontakt entweder das eigene Selbst, oder es drückt sich aus, wie Sie die Beziehung zum Gegenüber sehen – und zwar verbal und nonverbal.

Satz 4:

Dabei können sich Selbst- und Fremdwahrnehmung, d.h. das eigene Sicherheitsgefühl und die Wirkung des eigenen Auftretens, bei anderen Personen unterscheiden, entscheidungsrelevant sind sie aber immer.

Das finde ich positiv ...

Das finde ich negativ ...

Wort- und Satzebene

Verständliche Sprache ist einfache Sprache. Zu unterscheiden sind dabei die Wortebene und die Satzebene.

Bitte überlegen Sie: Was macht Wörter und Sätze einfach oder schwierig? Schreiben Sie Ihre Gedanken in Stichwörtern auf. Greifen Sie dabei auf die Stichwörter zurück, die Sie sich bei der Analyse des Textes gemacht haben.

Wörter sind einfach, wenn sie ...

Wörter sind schwierig, wenn sie ...

Sätze sind einfach, wenn sie …	**Sätze sind schwierig, wenn sie …**
______________________	______________________
______________________	______________________
______________________	______________________
______________________	______________________

Regeln zur Verständlichkeit

Wichtig ist, dass Sie verständliche Wörter gebrauchen. Die Regeln für leicht verständliche Wörter lauten:

Regel 1: Benutzen Sie geläufige und bekannte Wörter
Schriftsprache wirkt häufig sehr gedrechselt und gestelzt. Das liegt unter anderem daran, dass Autoren gerne Begriffe und Wendungen benutzen, die sich in der Alltagssprache nicht wiederfinden.

z.B.

Sehr viel leichter zu verstehen als »Mit dem gebotenen Nachdruck muss darauf hingewiesen werden, dass …« ist »Besonders wichtig ist …«

Bekannte Wörter benutzen

Geläufige Wörter werden schneller erkannt und schneller im Gehirn verarbeitet, unbekannte Wörter hingegen sind Stolperfallen. Spätestens, wenn der Leser innehalten muss und die Bedeutung des Wortes nachschlagen muss, wird der Gedankenstrom unterbrochen. Jede Unterbrechung erfordert dann wieder ein neues Sammeln und Einlesen.

Wichtig ist, dass Sie nicht versuchen, besonders »imposant« zu schreiben.

Bitte sehen Sie sich noch einmal das Eingangsbeispiel an. Welche Formulierungen wirken zu gestelzt? Schreiben Sie sie heraus und suchen Sie eine einfache und verständliche Formulierung.

Formulierung	Verbesserungsvorschlag

Ersetzen könnte man die Formulierungen *von tragender Bedeutung* und *Leuchtkraft* im ersten Satz. Bessere Begriffe wären *von großer Bedeutung* und *Ausstrahlung*. In Satz 4 ließe sich das Wort *entscheidungsrelevant* ersetzen durch den Ausdruck *spielen für die Entscheidung eine Rolle*.

Regel 2: Verzichten Sie auf unnötige Fremdwörter

Fremdwörter lassen sich fast immer durch eine deutsche Entsprechung ersetzen, ohne dass Informationen verloren gehen.

Bitte sehen Sie sich das Eingangsbeispiel an. Welche Fremdwörter ließen sich durch entsprechende deutsche Begriffe ersetzen?

Formulierung	Verbesserungsvorschlag

Fremdwörter möglichst außen vor lassen

Der Begriff *Charisma* im ersten Satz kann ganz entfallen, weil der deutsche Begriff *Ausstrahlung* jetzt ja schon im Text steht, beim Begriff *Meeting* kann man unterschiedlicher Ansicht sein: Einerseits gibt es mit *Besprechung* und *Treffen* vergleichbare deutsche Begriffe, andererseits ist der Begriff *Meeting* schon so eingebürgert, dass er den meisten Menschen geläufig sein dürfte.

Um einige Fremdwörter kommt man nicht herum – weil es eben keine deutsche Entsprechung gibt *(Flipchart, Beamer)*. Andere können Sie ruhig nutzen, weil die Mehrzahl der Leser sie ohnehin versteht *(Mobbing, Chart)*. Die Grenzen zwischen Fremdwörtern und deutschen Entsprechungen sind ohnehin fließend. Sprache entwickelt sich, weshalb ein deutsches Wort wie *berenten* schwerer zu verstehen sein dürfte als ein eingeführtes Fremdwort wie *Ironie*.

Regel 3: Vermeiden Sie unnötige Fachausdrücke
Fachausdrücke versteht nicht jeder. Was für Sie vielleicht absolut klar ist, bleibt für den Leser unter Umständen unverständliches »Kauderwelsch«. Als Hilfe können Sie Fachbegriffe in die folgenden Kategorien einordnen:

Verstehen und Nichtverstehen

- Verstehen meine Leser (wahrscheinlich). Dann gibt es keine Probleme, vielleicht verdeutlichen Sie die Begriffe zur Sicherheit noch einmal, etwa mit Hilfe eines Beispiels.
- Verstehen sie nur, wenn sie nachdenken. Dann sollten Sie den Begriff beim ersten Mal erklären und zur Sicherheit zusätzlich ins Glossar aufnehmen.

Fachbegriffe erläutern

Überlegen Sie bei jedem Fachbegriff, ob er zwingend erforderlich ist. Bejahen Sie die Frage, sollten Sie den Begriff erklären.

Wo gibt es im Beispieltext Fachausdrücke, die der Autor wie erklären müsste?

Ausdrücke	**Erklärung**
______________________	______________________
______________________	______________________
______________________	______________________

Begriffe übersetzen

Mindestens zwei Begriffe gehören zur Fachsprache, nämlich *interpersonell* und *nonverbal*. Der erste Begriff lässt sich gut mit *zwischenmenschlich* übersetzen. Nonverbal müsste man wohl erläutern: *Der Ausdruck steht für alle körpersprachlichen Signale, für den Blickkontakt, für Gestik und Mimik und für das Auftreten*. Wobei auch diese Erklärung wieder Fachbegriffe enthält.

Regel 4: Verzichten Sie auf Abkürzungen

Abkürzungen vermeiden

Für Experten sind Abkürzungen wie BGB oder ROM selbstverständlich. Für einen Laien bleiben sie dagegen oft nur rätselhaft. Verwenden Sie deshalb nur Abkürzungen, die allgemein üblich sind: wie »bzw.« für »beziehungsweise« oder »z. B.« für »zum Beispiel«. Noch verständlicher wird Ihr Text, wenn Sie auf Abkürzungen komplett verzichten. Kommen Sie um Abkürzungen nicht herum, sollten Sie sie beim ersten Erwähnen in Klammern hinter das ausgeschriebene Wort stellen, etwa *Balanced Scorecard (BSC)*.

Regeln für die Satzkonstruktion

Kommen wir zur Konstruktion der Sätze. Hier sollten Sie Folgendes beachten:

Regel 1: Benutzen Sie möglichst kurze Sätze

Je länger ein Satz ist, desto schwerer ist er zu verstehen. Den Grund kennen Sie: Ein durchschnittlicher Leser kann sich nur sieben bis maximal neun Informationen zugleich merken. Das bedeutet aber nicht, dass Sätze grundsätzlich nur sieben bis neun Wörter lang sein dürfen. Denn eine Informationseinheit umfasst oft mehr als nur ein einziges Wort. So wird zum Beispiel die Wortfolge *auf einmal* von nahezu allen Lesern als eine Information aufgenommen.

Kurze Sätze

Gut verständlich sind deshalb Sätze mit maximal zwölf bis 15 Wörtern, aber nur dann, wenn die Wörter einfach zu verstehen sind. Danach nimmt die Verständlichkeit rapide ab. Bei der Deutschen Presseagentur gelten neun Wörter pro Satz als die Obergrenze für optimale Verständlichkeit, Sätze mit über 20 Wörtern sind bei der dpa nicht mehr gewünscht. Die durchschnittliche Länge der Sätze in der Bild-Zeitung beträgt zwölf Wörter.

Bandwurmsätze auflösen

Lange Sätze sollten Sie in Einzelsätze auflösen. Manchmal hilft auch, sie durch Kommas, Gedankenstriche oder andere Trennzeichen in Sinneinheiten zu teilen. Für Aufzählungen sind eigene Zeilen mit Aufzählungszeichen sehr viel besser geeignet als ein Bandwurmsatz, in dem alles hintereinandersteht.

**Welche Sätze im Beispieltext empfinden Sie als zu lang?
Lösen Sie sie in Einzelsätze auf.**

Keine Telegramme schreiben

Verfallen Sie aber nicht in das andere Extrem, nur um lange Sätze zu vermeiden. Der Telegramm-Stil ist ausgesprochen unhöflich und wird fast immer als »Kommando-Ton« empfunden.

z.B.

Nutzen Sie die Vorteile. Achten Sie auf die Nachteile. Machen Sie sich mit der Technik vertraut. Denken Sie an mögliche Probleme. Beugen Sie vor.

Regel 2: Benutzen Sie einfach strukturierte Sätze

Einfach ist einfacher

Verzichten Sie auf komplizierte Konstruktionen mit Einschüben, Aneinanderreihungen und zahlreichen Nebensätzen. Auch solche komplizierten Konstruktionen lösen Sie am besten in einzelne Sätze auf. Eine einfache Satzstruktur bedeutet nicht, dass Sie nur in Hauptsätzen schreiben sollen. Dadurch wirkt ein Text oft sehr abgehackt und auch einschläfernd.

Regel 3: Stellen Sie die wichtigste Aussage in den Hauptsatz

In einem Nebensatz gehen wichtige Informationen schnell unter. Die Hauptaussage gehört deshalb in den Hauptsatz. Stellen Sie den Hauptsatz möglichst an den Anfang.

Hauptsache im Hauptsatz

Das heißt aber nicht, dass Sie alles nur noch in einfachen Hauptsätzen schreiben sollten. Ein Wechsel zwischen einem Hauptsatz und einem Satz, an den ein Nebensatz angehängt ist, sorgt für Abwechslung, die die Leser Ihres Skriptes begrüßen werden.

TIPP

Schreiben Sie Hauptsachen in Hauptsätze und Nebensachen in Nebensätze.

Den Leser einbeziehen

Jeder Text ist auch eine Art Dialog, oder sollte es zumindest sein. Nutzen Sie die verschiedenen Möglichkeiten, den Leser Ihres Skriptes anzusprechen und einzubeziehen. Eine erste Möglichkeit besteht darin, den Wortschatz der Leser zu beachten und ihm sprachlich entgegenzukommen. Weitere Möglichkeiten sind:

Möglichkeit 1: Sprechen Sie den Leser an

Dialog in Gang setzen

Eine direkte Ansprache schafft Kontakt. Immer wenn es um Praxis geht, um Umsetzung, um Tipps, um Hinweise, können Sie statt Formulierungen wie *Ein Autor sollte* … die direkte Ansprache wählen: *Sie als Autor sollten* … Achten Sie aber bitte darauf, nicht in einen belehrenden Ton zu verfallen.

z.B.

Unbedingt beachten müssen Sie ...

Begriffe wie *unbedingt* und Modalverben wie *müssen* könnten den Leser irritieren und zu einer ablehnenden Haltung führen.

Möglichkeit 2: Machen Sie den Nutzen deutlich

Nutzen-orientierung

Warum soll der Leser sich mit Ihrem Text beschäftigen? Weil er einen Nutzen davon hat. Nur sollten Sie ihm den Nutzen dann auch deutlich machen.

z.B.

Das ist für Sie wichtig, weil ...

Welche Vorteile bringt Ihnen das? Sie können ...

Möglichkeit 3: Greifen Sie Erfahrungen der Leser auf

Auf Leser-erfahrungen zurückgreifen

Ihre Teilnehmer haben Vorerfahrungen, wenn nicht im Fachlichen, so doch im Alltag. Wenn Sie diese Erfahrungen aufgreifen, erhöhen Sie die Anschaulichkeit und schaffen eine Brücke zu den Teilnehmern. Voraussetzung ist allerdings, dass Sie den Erfahrungshintergrund kennen.

z.B.

Sie kennen sicher die Situation, dass ...

Möglichkeit 4: Bauen Sie rhetorische Fragen ein

Fragen ohne Antwort

Rhetorische Fragen sind Fragen, auf die man keine Antwort erwartet. Sie können sie gut als Gliederungshilfe einsetzen.

z.B.

Drei Fragen gilt es zu beantworten:

- Was sind rhetorische Fragen?
- Wie lassen sie sich zur Verbesserung des Leserbezuges nutzen?
- Was sollten Sie dabei beachten?

Die Anschaulichkeit der Skripttexte erhöhen

Lernstoff ist oft abstrakt und nur schwer zu verstehen. Das ist vielen Verfassern von Trainingsskripten, die ja in ihrer Materie stecken, nicht immer bewusst. Und dann unterschätzen sie die Verständnisschwierigkeiten der Teilnehmer.

Anschauliche Texte

Fast immer ist das durch Skripten vermittelte Wissen sehr komprimiert und auf wenige, grundlegende Strukturen heruntergebrochen. Deshalb besteht ein grundlegendes Prinzip jeder Form der Vermittlung darin, die Inhalte so anschaulich wie möglich zu beschreiben und alle Möglichkeiten auszunutzen, die dazu zur Verfügung stehen.

Eine hohe Anschaulichkeit lässt sich durch den Einsatz sprachlicher Mittel erreichen. Anschaulichkeit verfolgt das Ziel, Bilder in den Köpfen der Leser zu schaffen. Anschauliche Zusammenhänge lassen sich besser merken.

Durch welche sprachlichen Mittel lässt sich Anschaulichkeit erreichen?

____

____

____

____

Staubtrockene Texte vermeiden

Versuchen Sie stets, Ihren Stoff so anschaulich wie möglich zu vermitteln – und sei der Stoff auch noch so trocken. Nutzen Sie dazu alle sprachlichen Möglichkeiten.

Sehen Sie sich bitte die Beispiele an. Welches sprachliche Mittel wird jeweils verwendet, um Anschaulichkeit zu schaffen?

Beispiel	Sprachliches Mittel
Die Verarbeitung der Daten mit dem Computer erfolgt in ähnlicher Weise wie beim Menschen.	
Jeder von Ihnen geht täglich mit Datenverarbeitung um, wenn Sie eine Fahrkarte am Automaten lösen, mit Ihrer Scheckkarte Geld abheben ...	
Stellen Sie sich vor, Sie leiten einen kleinen Handwerksbetrieb und Sie müssten ...	
Neulich hatte ich Besuch von einem ...	

Im ersten Beispiel handelt es sich um einen Vergleich, es folgen ein Beispiel, ein Fall, ein konstruierter Fall (Szenario) und ein Erlebnis.

Beispiele integrieren

Die beste Hilfe sind Beispiele. Sie zeigen einen Praxisbezug auf und machen abstrakte Inhalte konkret und verständlich – ein Beispiel für ein Beispiel:

z.B.

> Betriebe gewerblicher Art von juristischen Personen des öffentlichen Rechts sind alle Einrichtungen, die einer nachhaltigen wirtschaftlichen Tätigkeit zur Erzielung von Einnahmen dienen und die sich innerhalb der Gesamtbetätigung der juristischen Person wirtschaftlich herausheben.

Diese Aussage ist unanschaulich und schwer verständlich. Versuchen wir, denselben Inhalt einmal anschaulich zu vermitteln:

z.B.

> Wenn eine Gemeinde einen Campingplatz oder ein Freizeitbad unterhält, eine Stadt ein Theater oder eine Handwerkskammer eine Gaststätte betreibt, ist dies keine hoheitliche Tätigkeit mehr, sondern eine wirtschaftliche Tätigkeit, die der Körperschaftsteuer unterliegt.

Anschaulich = verständlich

Derselbe Inhalt: einmal unanschaulich, einmal anschaulich. Wir lernen: Je unanschaulicher und schwieriger ein Inhalt ist, desto wichtiger sind Beispiele.

z.B.

> Für das Projekt sind 200000 € eingeplant. Bisherige Kosten sind 120000 €. Das Projekt ist zu 50 Prozent abgeschlossen. Damit ist bisher zu viel Geld ausgegeben worden. Ohne Korrekturmaßnahmen würde das Projekt voraussichtlich Kosten von 240000 € erreichen.

Vergleiche einbauen

Eine weitere gute Möglichkeit sind Vergleiche.

> Bitte überlegen Sie: Welche Zwecke erfüllen Vergleiche?
>
> ____
>
> ____
>
> ____

Vergleiche sind immer dann sinnvoll, wenn Zusammenhänge nur schwer nachzuvollziehen sind oder wenn (zu) wenig Vorwissen vorhanden ist. Gern genutzte Vergleiche sind die zwischen Computer und Gehirn, zwischen dem Atom und dem Sonnensystem.

Aussagen hervorheben

Eine weitere Funktion der Vergleiche besteht darin, die Bedeutung von Aussagen hervorzuheben. Dazu ein Beispiel:

z.B.

Wenn Sie im Fernsehen hören: *In Afrika sind bei einer seit drei Monaten andauernden Hungerkatastrophe 50 000 Menschen verhungert,* dann ist das sicherlich schlimm.

Aber wenige sind wirklich betroffen von einer solchen Nachricht, weil Zahlen so abstrakt sind, dass sie unser Gefühlsleben selten erreichen. Weitaus mehr Betroffenheit würde der Nachrichtensprecher durch folgenden Zusatz erzielen:

Das ist so, als würden alle Einwohner einer Stadt wie Gummersbach sterben.

Fallbeispiele einbauen

Schließlich sollten Sie auch mit Fallbeispielen arbeiten. Sie eignen sich ideal, um komplexe Sachverhalte an einem konkreten Fall anschaulich zu erklären. Vielleicht erinnern Sie sich noch an Ihren Rechtsunterricht. Dort waren Fallbeispiele wichtig, um komplexe Sachverhalte – angefangen vom Grundrecht bis zum bürgerlichen Gesetzbuch – anschaulich zu erklären.

Szenarien und Erlebnisse

Eine ähnliche Funktion haben Szenarios. Szenarios sind konstruierte Fallbeispiele nach dem Schema *Stellen Sie sich vor, Sie …*

Sie können auch Erlebnisse einstreuen. Persönliche, selbst erlebte Beispiele haben Vorteile:

- Sie sind nicht widerlegbar.
- Persönliche Beispiele führen dazu, dass sich die Teilnehmer mit Ihnen identifizieren können. Sie denken beispielsweise: *Ja, das habe ich auch schon erlebt*, und werden Ihren Ausführungen umso bereitwilliger folgen.

Zitate integrieren

Weitere Möglichkeiten der Veranschaulichung sind Aphorismen, Wortspiele und Zitate.

Halten Sie sich an Erich Kästner. Der bemerkte zutreffend: *Es gibt nichts Gutes, außer man tut es.*

z.B.

Um diese Möglichkeiten der Veranschaulichung gezielt einzusetzen, müssen Sie wieder einen Blick auf die Adressaten werfen:

Adressatengerecht vorgehen

- Welche Beispiele sind ihnen vertraut?
- Bei welchen Vergleichen können Sie sicher sein, dass die Adressaten sie nachvollziehen können?
- Welche Fallbeispiele entsprechen der Lebenswirklichkeit der Zielgruppe?

Die Lesefreundlichkeit sichern

Kommen wir nun zu einer (scheinbaren) Nebensächlichkeit, zur Typographie. Die Auswahl des Schrifttyps und der Größe der Schrift hindert oder fördert die Lesbarkeit – und überdies die Lust, sich mit Ihrem Skript zu beschäftigen.

Typographie

Die Schrift für Skripttexte gibt es nicht. Die Wirkung hängt davon ab, wie Sie sie bei der Erstellung des Skriptes nutzen: Schriftgröße, Schriftschnitt (Standard, Kursiv, Fett), Ausrichtung der Schrift (Linksbündig, Blocksatz), Zeilenabstand. Die Wirkung hängt aber auch vom Leser ab – wichtig sind etwa Vertrautheit mit der Schrift, Leseabstand und Beleuchtung.

13 Regeln beachten

Bei der Typographie Ihrer Skripten gibt es einige wenige Faustregeln, die Sie beachten sollten (und die sich zum Teil von den Regeln unterscheiden, die Sie im zweiten Kapitel bei der Erstellung der Trainingsmedien kennengelernt haben).

Regel 1: Achten Sie auf eine ausreichende Schriftgröße

Schriftgröße

Die gute Lesbarkeit beginnt bei einer Größe von mindestens 10 Punkt. Auch 11 Punkt und 12 Punkt sind geeignet. Bei kleinen Schriftgrößen, etwa in Tabellen, sollten Sie mit Fettdruck arbeiten. Für Überschriften stehen Ihnen die Schriftgrößen von 12 bis 20 Punkt zur Verfügung. Überschriften und Zwischenüberschriften haben immer dieselbe Schriftgröße. Für Überschriften wählen Sie Fettdruck.

Regel 2: Verwenden Sie maximal fünf Schriftgrößen

Anzahl der Schriftgrößen

Mit fünf Schriftgrößen sollten Sie auskommen: eine für den Titel, eine für Kapitelüberschriften, eine für Zwischenüberschriften, eine für weitere Überschriften, eine für den Text selbst. Die Abstände zwischen den Schriftgrößen sollten harmonisch sein. Bewährt hat sich eine Stufung mit jeweils 20 bis 30 Prozent, also Text in 10 Punkt, Überschrift in 12 Punkt, Zwischenüberschrift in 14 Punkt usw.

Regel 3: Verwenden Sie Schriften mit klarem Erscheinungsbild

Klares Erscheinungsbild

Bei Schriften gibt es eine grundsätzliche Unterscheidung. Serifen-Schriften, Schriften, deren Buchstaben »Häkchen« haben und serifenlose Schriften. Bei Zeitungen wird häufig die Serifen-Schrift verwandt, weil sie den Leser von einem Buchstaben zum anderen führt.

z.B.

Serifen-Schrift

Dieser Satz ist geschrieben in Times New Roman.

Schrift ohne Serifen

Dieser Satz ist geschrieben in Arial.

Das ist aber eigentlich kein wichtiges Argument, weil der Leser Ihres Skriptes ohnehin nicht den einzelnen Buchstaben wahrnimmt, sondern einzelne Wortbilder. Deshalb dürfte ein klares Schriftbild wichtiger sein. Das liefern serifenlose Schriften. Dies sind zum Beispiel: »Arial«, »Tahoma« oder »Calibri«. Diese Schriften sind einfach im Schriftbild und gut lesbar.

z.B.

Dieser Satz ist geschrieben in Arial.

Dieser Satz ist geschrieben in Tahoma.

Dieser Satz ist geschrieben in Calibri.

TIPP

Sie können die Lesefreundlichkeit einer Schrift testen. Decken Sie dazu die untere Hälfte der Buchstaben ab. Die Wörter sollten immer noch lesbar sein.

Regel 4: Verwenden Sie nur Standard-Schriftarten

Schriftarten

Sie ersparen sich so Probleme beim Ausdruck auf fremden Druckern oder Rechnern. Denn nahezu alle Programme ersetzen nicht vorhandene Schriftarten. Das kann im Extremfall dazu führen, dass Ihr Layout komplett durcheinandergerät.

Regel 5: Greifen Sie auf Proportionalschriften zurück

Es gibt Schriften, die stellen jeden einzelnen Buchstaben in derselben Breite dar. Andere Schriften berücksichtigen die Breite der Buchstaben. Ein *i* nimmt dann beispielsweise weniger Platz ein als ein *a*. Proportionale Schriften sind einfacher zu lesen und wirken auch harmonischer.

Proportionalschriften

Ein Beispiel für eine proportionale Schrift ist Courier.

Ein Beispiel für eine nicht proportionale Schrift ist Times New Roman.

z.B.

Regel 6: Vermeiden Sie Zier- und Schreibschriften

Zier- und Schreibschriften sind fast immer schwer zu lesen. Verzichten Sie daher auf solche Schriften, auch wenn Sie Ihnen persönlich vielleicht besser gefallen als eine neutrale Schrift.

Zierschrift vermeiden

Dieser Text ist geschrieben in Diskus.

z.B.

Regel 7: Beschränken Sie sich auf höchstens zwei Schriftarten

Sie können zum Beispiel eine Schriftart für Überschriften verwenden und eine andere für die Texte. Behalten Sie aber diese Formatierungen konsequent bei.

Wenige Schriften verwenden

Microsoft hat als Standard in seiner neuesten Version von WORD:

Als Überschrift Cambria

Als Schriftart für den Text Calibri

z.B.

Regel 8: Nutzen Sie Hervorhebungen sparsam

Häufige Hervorhebungen durch Formatierungen wie zum Beispiel Fett, Kursiv und Unterstreichungen stören den Lesefluss. Setzen Sie daher diese Formatierungen sparsam und gezielt ein. Meiden Sie Zeichenformatierungen wie Schattiert und Relief. Diese Effekte verschlechtern die Lesbarkeit zum Teil drastisch.

Hervorhebungen

Regel 9: Formatieren Sie Textpassagen und Absätze linksbündig

Links bleiben Formatierungen im Blocksatz führen zu einem schlecht lesbaren Schriftbild. Bei rechtsbündigen und zentrierten Formatierungen wechselt der Zeilenrand ständig, das Auge muss beim Lesen hin und her springen. Verwenden Sie die zentrierte Formatierung nur für Überschriften.

Regel 10: Sorgen Sie für Abstand

Abstand wahren Wenn Sie genügend Platz haben, sollten Sie beim Zeilenabstand 1,5 einstellen. Der Fachbegriff ist Durchschuss.

Regel 11: Achten Sie auf die Zeilenlänge

Kurz bleiben Beim Lesen versucht man, mehrere Wörter mit einem Blick zu erfassen. Stehen in einer Zeile zu wenig Wörter oder zu viele, kommt man mit der gewohnten Blickspanne nicht aus. Deshalb sollten Zeilen zwischen 40 und 55 Zeichen umfassen.

Regel 12: Trennen Sie Absätze

Absätze Nach Absätzen sollten Sie mindestens 6 Punkt als Abstand eingeben.

Regel 13: Arbeiten Sie mit Kopfzeilen

Köpfchen zeigen Eine aussagekräftige Kopfzeile dient der Orientierung. Idealerweise ist sie zweigeteilt: Links steht der Name des Skriptes, rechts der Name des Kapitels. Wenn Sie noch weiter untergliedern wollen, können Sie den Namen des Kapitels links setzen, den Namen des Abschnitts rechts.

Struktur ins Skript bringen

Eine gute Struktur, ein roter Faden, schafft bei Skripten die Möglichkeit zur schnellen Orientierung, gleichzeitig ist die Strukturierung ein wichtiger Lernfaktor. Die Beschäftigung mit der Lernunterlage macht mehr Freude, wenn der Teilnehmer spürt, dass er den Überblick hat und auch behält. Untersuchungen zeigen, dass über eine gute Strukturierung das Lernergebnis deutlich zu verbessern ist, nämlich bis zu 30 Prozent.

Roten Faden spinnen Strukturierung hilft, den Leser durch den Text zu leiten. Er kann Ihren Gedanken folgen und wichtige Aussagen erkennen und verstehen. Bedingungen sind ein schlüssiger Aufbau und eine gut erkennbare Ordnung – angefangen beim Inhaltsverzeichnis bis hin zum Stichwortverzeichnis und Glossar.

Sie haben noch mehr Möglichkeiten:

Leser-orientierung als Prinzip

- Sie können den Lesern den Zugriff auf Informationen erleichtern.
- Sie können im Text Wichtiges hervorheben.
- Sie können mit Gliederungselementen arbeiten.
- Sie können Zahlen in Tabellen und Diagrammen darstellen.
- Sie können Schaubilder nutzen, um Zusammenhänge deutlich zu machen.

Dahinter steckt ein Prinzip: Behalten Sie immer den Leser im Blick und überlegen Sie, wie Sie ihm den Überblick erhalten und das Lernen erleichtern können.

Als Hilfe für eine klare Gliederung haben sich die folgenden Leitsätze bewährt:

Leitsätze für eine klare Gliederung

- ein Gedanke pro Satz, also: neuer Gedanke, neuer Satz
- einen neuen Absatz nach vier bis fünf Sätzen, also nicht hinter jedem Satz einen Absatz, aber auch nicht eine Seite mit nur einem oder zwei Absätzen
- alle ein bis zwei Seiten eine Unterüberschrift, allerdings maximal drei Ebenen (Kapitelüberschrift, Unterkapitel, Zwischenüberschrift). Die Überschriften sollten aussagekräftig sein, lange Texte in Module und Kapitel unterteilt werden.
- Gut gliedern können Sie auch über Anführungszeichen und Nummerierungen. Sie lockern nicht nur den Text auf, sondern zeigen auch inhaltliche Zusammenhänge auf.
- Alle Seiten sollten dasselbe Layout besitzen. Die einzelne Seite sollte aufgelockert erscheinen, Absätze gut erkennbar sein. Ein breiter Rand lädt zu Anmerkungen ein.

Für Übersicht sorgen

Trainingsunterlagen haben zwei Funktionen: dem Teilnehmer die Möglichkeit zu eröffnen, sich systematisch mit einem Thema auseinanderzusetzen – und ihm eine Hilfe an die Hand zu geben, bei Fragen schnell auf bestimmte Informationen zugreifen zu können. Dazu dienen die bekannten Übersichten »Inhaltsverzeichnis« und »Stichwortverzeichnis«, aber auch »Literaturangaben« und das Glossar.

Tipps fürs Inhalts-verzeichnis

Das Inhaltsverzeichnis sollte überschaubar sein, Verzeichnisse, die sich über mehrere Seiten erstrecken, schrecken eher ab. Um das Inhaltsverzeichnis auf einer Seite unterzubringen, sollten Sie sich auf die erste und zweite Gliederungsebene beschränken (Kapitelüberschriften und

Zwischenüberschriften), auch die Übernahme der dritten Ebene kann sinnvoll sein.

Stichwortverzeichnis

In das Stichwortverzeichnis werden alle Schlüsselwörter zum Thema, sogenannte Keywords, aufgenommen – aber bitte auch wirklich nur diese.

TIPP

Vermeiden Sie es möglichst, zusätzlich noch andere Verzeichnisse wie Abbildungsverzeichnis und Abkürzungsverzeichnis mit aufzunehmen. Was bei wissenschaftlichen Texten Sinn macht, ist bei Skripten eher hinderlich. Der Lernprozess wird unnötig unterbrochen, wenn der Teilnehmer etwa nach dem Sinn einer Abkürzung fahndet.

Hinweise fürs Literaturverzeichnis

Das Literaturverzeichnis dient nicht der Dokumentation, was Sie alles gelesen haben. Es enthält lesenswerte und zum Thema passende Texte, die zudem leicht zu besorgen und leicht zu verstehen sind. Es ist möglich, die angeführte Literatur durch einige begleitende Worte vorzustellen.

Wenn Sie nicht umhinkommen, auch die Literatur aufzulisten, die Sie bei der Erstellung Ihres Textes herangezogen haben, unterteilen Sie das Literaturverzeichnis in:

- Literaturempfehlungen und
- benutzte Literatur.

Links aufnehmen

Das Internet wird als Informationsmedium immer wichtiger. Nehmen Sie deshalb Links zu interessanten Seiten mit auf.

TIPP

Achten Sie darauf, dass sich die Links auf Seiten beziehen, die (wahrscheinlich) auch noch in nächster Zeit verfügbar sein werden.

Glossar erstellen

Ins Glossar übernehmen Sie alle wichtigen Fachbegriffe. Als Hilfe bei der Auswahl können Sie das Stichwortverzeichnis heranziehen. Je mehr Fachbegriffe Sie im Text verwenden, desto eher bietet sich die Arbeit mit einem Glossar an. Die Erläuterungen zu den Fachbegriffen sollten kurz, aber natürlich auch für Laien verständlich sein.

Kopfzeilen einzubauen macht nur dann Sinn, wenn sie eine bessere Orientierung ermöglichen. Bewährt hat es sich bei mehrteiligen Lerntexten, links den Namen des Bausteins, rechts den Namen des Kapitels zu vermerken.

Kopfzeilen und Marginalien

Marginalien sind Schlüsselbegriffe, die seitlich auf den Blattrand geschrieben werden. Auch kurze Aussagen können dort stehen. Die Schlüsselbegriffe bilden eine Art Schnelllesestraße, die der Leser bei Lerntexten auch zur Wiederholung nutzen kann. Ein Nachteil ist: Der Platz geht für Anmerkungen des Lesers verloren.

Sie können auch Piktogramme als Marginalien nutzen, etwa um den Leser auf wichtige Aussagen aufmerksam zu machen.

TIPP

Aufmerksamkeit schaffen

Heben Sie wichtige Dinge hervor, Dinge, die sich der Leser merken soll. Auch hier stehen Ihnen wieder mehrere Optionen offen.

Überschriften haben die Funktion, das Skript zu gliedern, die Aufmerksamkeit des Lesers auf einen neuen Punkt zu lenken und ihm Gelegenheit zu geben, das bisher Gelernte kurz Revue passieren zu lassen. Sie sollen möglichst auch zum Weiterlesen motivieren. Überschriften sollen daher aussagestark sein und den Inhalt des Textes in kurzer, knapper Form wiedergeben.

Überschriften als Gliederungselement

Überlegen Sie, wie viele Ebenen Sie unterhalb der Kapitelüberschriften unterscheiden sollten – das ist oft vom Skriptinhalt abhängig. Auf einer Seite sollten Sie maximal zwei Zwischenüberschriften, besser aber nur eine Zwischenüberschrift einfügen.

Vermeiden Sie Substantivierungen in Überschriften. Die Formulierung »Das Herausstellen wichtiger Punkte« ist sperriger als »Wichtiges herausstellen«.

TIPP

Bitte nehmen Sie sich einen Fließtext vor, den Sie in einem Ihrer letzten Trainings verwendet haben. Er sollte mindestens eine Seite umfassen, aber nicht länger als zwei Textseiten sein.

- An welchen Stellen würden Sie Zwischenüberschriften verwenden?
- Wie könnten sie lauten?
- Falls der Text solche Überschriften bereits hat: Würden Sie sie austauschen – welche Überschriften wählen Sie?

Neugier wecken

Als Grundregel gilt: Spätestens nach zwei, drei Seiten ist eine neue Zwischenüberschrift angebracht. Verfassen Sie einen appellativen Text, sollten die Überschriften zusätzlich neugierig machen und diesmal unbedingt zum Weiterlesen anregen. Achten Sie dann auf:

- konkrete Aussagen und Versprechen in den Überschriften,
- die positiv formuliert und
- Bilder in den Köpfen der Leser erzeugen.

z.B.

Wie Sie in fünf Schritten ...

Mit Fettdruck arbeiten

Bei Hervorhebungen im Text gilt: Wichtige Begriffe können Sie markieren, am besten durch Fettdruck. Diese Form der Markierung nennt sich aktive Auszeichnung. Sie steht neben der integrierten Auszeichnung, die angewandt wird, wenn Dinge ausgezeichnet, aber nicht hervorgehoben werden sollen. Ein Beispiel wäre die Kursivschrift bei einem Begriff.

Sparsam sein

Allerdings sollten Sie dabei maßhalten. Wenn in jedem Satz ein Wort markiert ist, verliert die einzelne Markierung an Wert.

Welche Wörter in Ihrem Übungstext halten Sie für so wichtig, dass Sie sie hervorheben würden?

Merkposten

Wichtige Punkte können Sie auch als Merkposten herausstellen.

Sie können den Merksatz fett auszeichnen und zusätzlich in einen Kasten setzen.

Auch andere Auszeichnungen sind möglich, etwa Kursiv, Unterstrichen oder Kapitälchen. Achten Sie auch hier auf die Lesbarkeit und vermeiden Sie es, längere Passagen auf ein und dieselbe Art herauszustellen.

Symbole einbauen

Wenn Sie die Kästen grau oder farbig hinterlegen, überprüfen Sie bitte, ob der Hintergrund bei Kopien noch erkennbar ist, gleichzeitig aber die Lesbarkeit der Schrift nicht beeinträchtigt wird. Zudem können Sie mit Symbolen arbeiten und verschiedene Merkposten unterscheiden.

Sehen Sie jetzt bitte noch einmal Ihren Übungstext an:

Welche Sätze im Text würden sich als Merksätze eignen?

Gliederungselemente nutzen

Seite für Seite Text zu lesen ist für das Auge ermüdend. Deshalb sollten Sie Gliederungselemente nutzen, um die Aufmerksamkeit zu lenken. Einfache Formen eines Gliederungselements sind Aufzählungen mit Zahlen und Gliederungspunkten.

Nicht übertreiben

Gliederungen sollten nicht zu viele Punkte umfassen. Fünf Punkte sind ein oberer Wert. Zusätzlich gibt es Elemente, die den Skripttext auflockern, gleichzeitig aber Hilfen für den Alltag darstellen – dazu zählen zum Beispiel die Schritt-für-Schritt-Anweisungen

Schritt-für-Schritt-Anweisungen

Text gliedern in Handlungsschritte

1. Erklären Sie Ihren Mitarbeitern die Ziele und das Vorgehen.
2. Die Mitarbeiter und auch Sie selbst füllen den Fragebogen aus.
3. Sie analysieren für sich die Ergebnisse.
4. Sie suchen den Dialog mit den Mitarbeitern.
5. Sie treffen die Vereinbarungen.

Bei dieser Art Handlungsanweisung erfährt der Teilnehmer, wie er in einem bestimmten Fall oder in einer bestimmten Situation vorgehen kann. Meist ist die Anweisung durch Zahlen gegliedert, manchmal zusätzlich durch »Schritt 1, Schritt 2« etc.

Bei komplexen Abläufen mit Verzweigungsmöglichkeiten bietet sich ein Ablaufdiagramm an. Hier sollten Sie dem Leser die Schritte und Verzweigungen aber erläutern.

Checklisten einbauen

Checkliste

Fasst wichtige Merkposten als Anweisung zusammen

Checkliste: Projekterfolg absichern	
Achten Sie darauf, dass vor Projektbeginn konkrete und erreichbare Richtziele definiert sind.	❑
Achten Sie auf Zielkonkurrenzen.	❑
Wählen Sie die für Ihr Projekt beste Organisationsform aus.	❑

Auch mit Checklisten lässt sich der Skripttext auflockern und die Aufmerksamkeit des Teilnehmers lenken. Ziel ist, dass der Teilnehmer wichtige Merkposten noch einmal vor Augen geführt bekommt und gleichzeitig die Umsetzung des Gelernten selbst überprüfen kann. Eine Checkliste ist somit Hilfe zur Wiederholung und zur Umsetzung.

Formulare und Muster

Formulare / Muster

möglichst direkt im Alltag einsetzbar

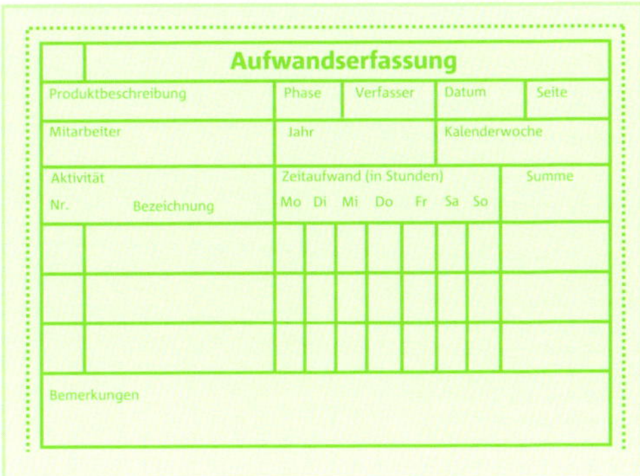

Aufwandserfassung									
Produktbeschreibung		Phase	Verfasser	Datum			Seite		
Mitarbeiter		Jahr		Kalenderwoche					
Aktivität Nr.	Bezeichnung	Zeitaufwand (in Stunden) Mo	Di	Mi	Do	Fr	Sa	So	Summe
Bemerkungen									

Formulare und Muster zeigen, mit welchen Hilfsmitteln in der Praxis gearbeitet wird. Der Teilnehmer lernt die Hilfen kennen und erfährt möglichst auch, wie man mit ihnen umgeht.

Interessanten Einstieg vorbereiten

Sie wissen aus Ihren Trainings, wie wichtig ein guter Einstieg in ein neues Thema ist. Mit ihm gelingt die Motivation der Teilnehmer, überdies bietet er Ihren Teilnehmern Orientierung. Dies trifft natürlich auch auf Skripten und andere schriftliche Lernunterlagen zu. Deshalb gehört an den Anfang jedes Skripttextes eine Einleitung. Ziel dieser Einleitung ist es, die Bedeutung des Themas zu verdeutlichen.

z.B.

Ein Projekt durchzuführen ist eine ebenso spannende wie anspruchsvolle Aufgabe.

Viele Projekte, zu viele Projekte scheitern, weil sie nicht präzise genug vorbereitet, nicht sorgfältig geprüft und nicht ordnungsgemäß durchgeführt werden. Eine Reihe von Problemen ergibt sich schlicht aus der Tatsache, dass Projekte auf den Weg gebracht werden, die den Namen gar nicht verdienen oder von vornherein zum Scheitern verurteilt sind. Dies trifft nach aktuellen Schätzungen auf 50 bis 80 Prozent aller Projekte zu. Zahlreiche Projektruinen zeugen davon. Andererseits werden Projekte als Arbeitsform in den nächsten Jahren deutlich an Bedeutung gewinnen, weil viele Ziele nicht anders, zumindest nicht besser erreicht werden können und weil diese Arbeitsform unbestreitbare Vorteile hat. In vielen Bereichen werden die Aufgaben immer komplexer. Gerade in solchen Fällen zeigen sich die Vorteile des Projektmanagements.

Motivation und Identifikation ermöglichen

Der Motivation dienen auch Fallbeispiele, die dem Teilnehmer die praktische Bedeutung des Themas vor Augen führen. Wichtig ist, dass das Fallbeispiel dem Erfahrungshorizont der Teilnehmer entspricht, deren Probleme aufgreift und sich die Teilnehmer mit dem Fallbeispiel identifizieren können.

z.B.

Peter Bremke war sehr erfreut, dass sein Abteilungsleiter ihm als Projekt die Einführung der Kosten-Leistungs-Rechnung übertragen hatte. Er hatte sogar Einfluss auf die Auswahl der Projektmitarbeiter, was er als zusätzlichen Vertrauensbeweis interpretierte.

Textaufbau kommunizieren

Greifen Sie das Beispiel möglichst an verschiedenen Stellen wieder auf und nutzen Sie es als Rahmenszenario. Nach einer solchen Hinführung geben Sie dem Teilnehmer schließlich eine Übersicht über den Textaufbau. Dabei können Sie:

- die Inhalte auflisten,
- die Ziele verdeutlichen,
- sich einiger Gliederungsfragen bedienen oder
- die Zusammenhänge in Form eines Schaubildes darstellen.

z.B.

Im Mittelpunkt stehen die Fragen:

- Wie initialisiert man Projekte?
- Wie beurteilt man die Erfolgsaussichten von Projekten?
- Wie plant man Projekte?
- Wie führt man sie durch?
- Wie steuert man die Durchführung?
- Wie schließt man Projekte richtig ab?

Erläuterungen zur Arbeit mit dem Text runden die Einleitung ab.

Einschätzungshilfe zum Kompetenzstand geben

Als zusätzliches Element können Sie an den Anfang eine Einschätzungshilfe stellen. Ziel ist, dass der Teilnehmer gleich zu Beginn die Möglichkeit erhält, seine Vorkenntnisse einzuschätzen. Über eine differenzierte Auswertung kann er dann entscheiden, welche Schwerpunkte er bei der Bearbeitung setzt und wie intensiv er sich mit einzelnen Themen beschäftigen will. Die Einschätzung sollte über Multiple-Choice-Aufgaben erfolgen, damit eine einfache Auswertung möglich ist.

z.B.

Wie nennt man die vorgegebenen Ziele, die am Anfang eines Projektes stehen?	
❑ Leitziele	❑ Richtziele
❑ Grobziele	❑ Rahmenziele
Wer hat die Weisungsbefugnis bei Projekten mit Matrix-Organisation?	
❑ Projektleiter	❑ Linienvorgesetzter
❑ Geteilt	❑ Auftraggeber

Der Vorteil: Der Leser des Skriptes kann die Ergebnisse mit denen der Lernkontrolle zum Ende des Lernprozesses vergleichen und so seinen Lernzuwachs ermitteln.

Einschätzungstests

Einschätzungstests sind bei Fachthemen eine gute Hilfe für Leser. Bei verhaltensorientierten Themen können Sie sie ebenfalls nutzen. Hier gibt es aber eine Alternative: die Einschätzung des Verhaltens. Analog zum Lernzuwachs kann der Leser im Nachhinein kontrollieren, ob sich sein Verhalten verändert hat.

		0	1	2	3	4	5
1.	Machen Sie sich vor Beginn eines Projektes Gedanken über die Organisationsform?	❑	❑	❑	❑	❑	❑
2.	Werden bei Ihnen Projekte nach einem einheitlichen Schema überprüft?	❑	❑	❑	❑	❑	❑
3.	Werden für alle Projektphasen detaillierte Aktivitäten- und Zeitpläne erstellt?	❑	❑	❑	❑	❑	❑
4.	Beschränkt sich die Projektleitung auf Steuerungsaufgaben?	❑	❑	❑	❑	❑	❑
5.	Wird am Ende des Projektes ein Abschlussbericht vorgelegt?	❑	❑	❑	❑	❑	❑

Nehmen Sie sich Zeit zur Selbstreflexion

Welche Konsequenzen hat das neue Wissen, das Sie im fünften Kapitel erfahren haben, für Ihre Weiterbildungen, Trainings und Seminare?

- Inwiefern haben Sie bisher Teilnehmerskripten genutzt, um ihre Weiterbildungsveranstaltungen zu strukturieren und teilnehmerorientiert vorzugehen?
- Welche der Tipps zur Gestaltung von Skripten und zur Formulierung von Skripttexten werden Sie in Zukunft nutzen?
- Wie gehen Sie dabei vor?
- Welche Ziele verfolgen Sie damit?

6 Selbstlernmedien – Entlastung von der Vermittlung

E-Learning, computergestützte Lernprogramme, Computer Based Training: Mit solchen Begriffen können viele Trainer wenig anfangen. Und doch lohnt es sich, sich im Rahmen der Selbstlernmedien insbesondere mit dem Thema E-Learning zu beschäftigen.

Große didaktische Hilfe

Denn erstens erwarten immer mehr Auftraggeber, dass Trainer neben »klassischen« Seminaren auch die Kombination von Selbstlern- und Präsenzphasen, das sogenannte »Blended Learning«, anbieten. Zum Zweiten können Sie Lernmedien und besonders Lernprogramme fruchtbar für die teilnehmerorientierte Gestaltung Ihres Trainings nutzen. Denn aus dem Blickwinkel eines Trainers ist ein gutes Lernprogramm eine Fundgrube fertig aufbereiteter didaktischer Hilfen.

Es gibt zwei grundsätzliche Möglichkeiten, E-Learning-Komponenten zu nutzen:

E-Learning nutzen

- Sie integrieren die Komponenten in das Training zur methodischen Anreicherung und zur Differenzierung.
- Sie nutzen sie als Ergänzung des Trainings, zur Vorbereitung, Vertiefung und Nachbereitung.

Lernprozesse im Training unterstützen

Seminare leben von Austausch und Interaktion, gute Seminare erreichen eine hohe Aktivierung der Teilnehmer, berücksichtigen deren individuelle Lernbedürfnisse und schaffen Raum für die eigenständige Auseinandersetzung mit dem Lernstoff.

Lernprogramme bieten Unterstützung

Um all dies zu ermöglichen, brauchen Trainer didaktisch gut aufbereitete Medien – und die finden Sie in aller Vollständigkeit in vielen Lernprogrammen vor: von Einschätzungshilfen über Übungen und Video-Fallbeispiele bis zu Lernkontrollen. Schauen wir uns die Einsatzmöglichkeiten von Lernprogrammen in den verschiedenen Phasen des Lernprozesses einmal an.

Einsatzmöglichkeit bei der Einstiegsdiagnose

Vorkenntnisse feststellen

Im Training wird oft die Analyse der Vorkenntnisse vernachlässigt. Eine solche Analyse kann aber für die Schwerpunktsetzung bei den Themen wichtige Impulse geben. Deshalb sollen Sie überlegen, ob Sie eine solche Diagnose im Vorfeld einsetzen, und die Teilnehmer bitten, Ihnen vorab die Ergebnisse mitzuteilen. Auch zu Beginn eines Seminars ist eine solche Diagnose noch möglich, allerdings muss sie in die Dramaturgie des Trainings richtig eingebunden werden. Gute Lernprogramme bieten solche Einstiegsdiagnosen, und Sie können sie nutzen.

z.B.

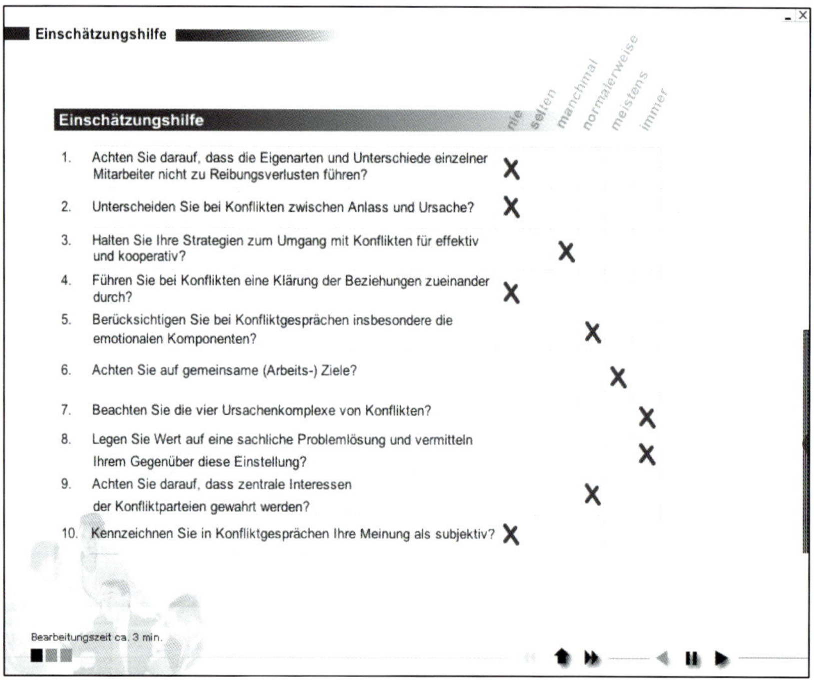

Einsatzmöglichkeit bei Motivation und Orientierung

Ins Thema einführen

Zur Motivation kann möglicherweise die Einführung in das Thema genutzt werden, die sich in den meisten Lernprogrammen findet. Besonders gut eignen sich Video-Fallbeispiele, die anschließend gemeinsam im Training besprochen werden. In der Regel wird man die Fallbeispiele am

Anfang einer neuen Trainingseinheit im Plenum mit allen Teilnehmern besprechen.

Einsatzmöglichkeit bei der Vermittlung von Wissen und Inhalten

Inhalte veranschaulichen

Lernsequenzen eignen sich gut, wenn es um die reine Wissensvermittlung geht. Hier liegt ja eine der Stärken vieler Lernprogramme, die das notwendige Wissen präzise und anschaulich vermitteln. Man kann auf kurze animierte Sequenzen oder auch wieder auf ein Fallbeispiel zurückgreifen, das der Trainer dann kommentiert und analysiert. Theoretische Ausführungen können durch Animationen oder Fallbeispiele veranschaulicht, der Praxisbezug erhöht werden.

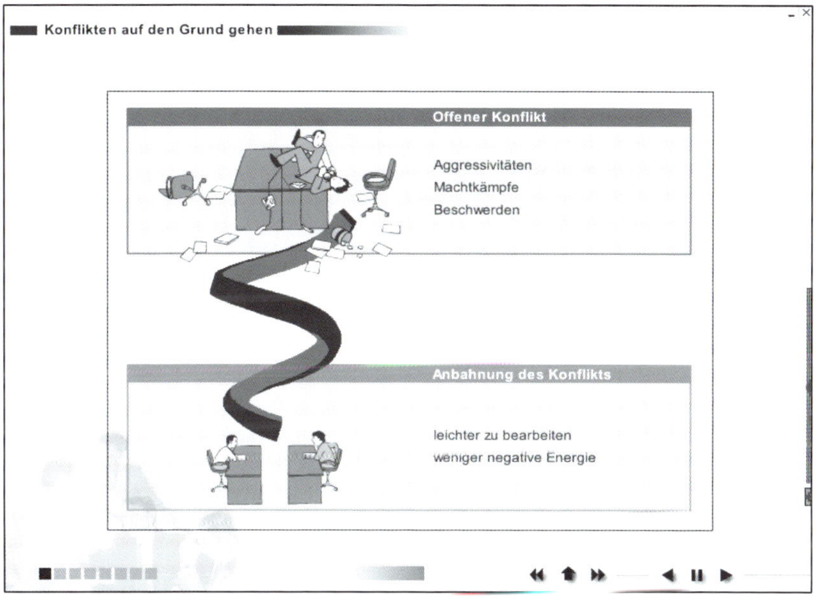

z.B.

Einsatzmöglichkeit bei der Erarbeitung von Wissen und Inhalten

Fallbeispiele durchexerzieren

Ausgangspunkt für ein Gespräch im Training kann wieder ein Fallbeispiel sein. Ebenso kann die Analyse einer Videosequenz oder eine Reflexionsübung in Einzel- oder Gruppenarbeit als Einstieg in ein Gespräch dienen. Bei Durchsicht der Programme finden sich manchmal auch Sequenzen, die einen pseudorealistischen Dialog mit dem Ziel des entdeckenden Lernens anstreben. Diese Sequenzen können das Gespräch im Plenum ersetzen, die Erarbeitung erfolgt in Kleingruppen, die Auswertung dann wieder im Plenum.

Einsatzmöglichkeit beim Üben und Anwenden

Die vielen Übungen in Lernprogrammen lassen sich gut im Training nutzen, und zwar für die Einzelarbeit und die Partnerarbeit, weniger für die Gruppenarbeit. Dies hat gleich mehrere Vorteile:

Übungen durchspielen

- Langwierige Arbeitsanweisungen können entfallen.
- Die Übungen sind häufig attraktiv für Ihre Teilnehmer.
- Die Auswertung erfolgt automatisch.
- Fehler fallen nicht auf.
- Die Teilnehmer erhalten eine direkte Rückmeldung.
- Nicht verstandene Zusammenhänge können die Teilnehmer sofort wiederholen.

Einsatzmöglichkeit bei der Wiederholung

Spannende Wiederholungen

Wiederholungen sind oft langatmig und langweilig, oft ist dabei auch die Aktivierung der Teilnehmer gering. Auch hier helfen Lernprogramme weiter. Passende Lernsequenzen können als Wiederholung zum Training genutzt werden. Koppelt man Lernkontrollen mit Wiederholungen, können Wiederholungen individualisiert werden: Jeder Teilnehmer wiederholt dann nur den Stoff, den er braucht und bei dem es ihm noch an Sicherheit fehlt.

Einsatzmöglichkeit bei der Lernkontrolle und Leistungsüberprüfung

Die Begriffe *Kontrolle* und *Überprüfung* haben für viele Teilnehmer einen schalen Beigeschmack. Trotzdem sind Lernkontrollen – wie wir bereits gesehen haben – wichtig, weil sonst der Teilnehmer seinen Leistungsstand nicht erfährt und der Trainer nicht weiß, auf welche Punkte er noch einmal (detaillierter) eingehen sollte.

Motivierende Kontrollen

Leistungsüberprüfungen aus einem Lernprogramm mit automatisiertem Feedback nehmen der Lernkontrolle ihren negativen Touch. Keiner blamiert sich, gleichzeitig erhält jeder Teilnehmer ein klares Bild seines Leistungsstandes. Lernkontrollen sollten dabei immer an den Zielen der Qualifizierung ausgerichtet sein. Darum ist es notwendig, Lernziele stets vorab zu definieren.

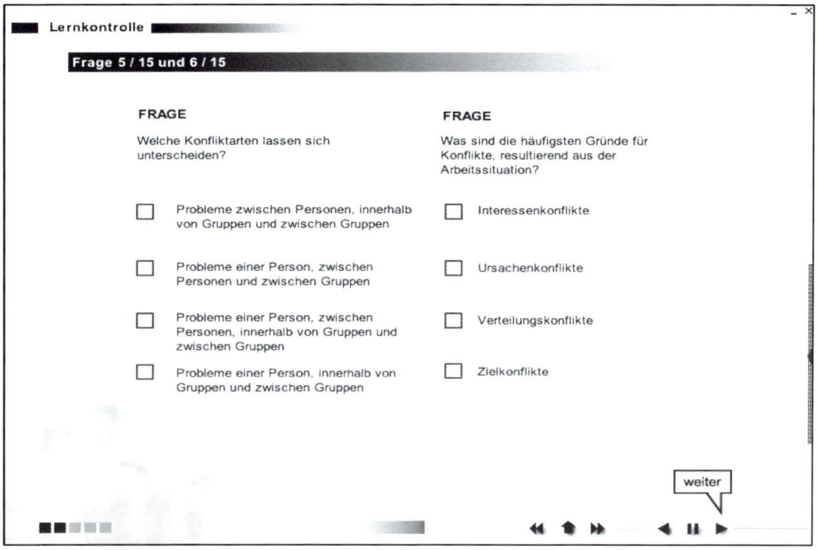

z.B.

Einsatzmöglichkeiten bei Umsetzung und Transfer

Simulationen nutzen

Auch die Umsetzung des Gelernten ist in vielen Seminaren ein vernachlässigter Aspekt. Mit Praxissimulationen in Lernprogrammen hat der Trainer ein lernwirksames Instrument zur Hand, um die Umsetzung des Gelernten in Praxissimulationen zu erproben.

Differenzierung und Individualisierung vornehmen und Training ergänzen

Ein Problem in vielen Seminaren sind die unterschiedlichen Voraussetzungen der Teilnehmer. Ohne die Lernbedürfnisse einzelner Teilnehmer zu berücksichtigen, muss aber jedes Seminar provisorisch bleiben. Wenn man 15 Teilnehmer im Seminar hat, hat man 15 unterschiedliche Teilnehmer vor sich. Im Extremfall richtet der Trainer sein Seminar ausgerechnet auf die Vorkenntnisse derjenigen Teilnehmer aus, die überhaupt nicht im Seminar sind.

Teilnehmerorientierung als Grundprinzip

Schwierig wird es besonders dann, wenn man die Teilnehmervoraussetzungen erst während des Kurses ermittelt. Das verlangt vom Trainer ein hohes Maß an Flexibilität, um sich kurzfristig auf spezielle Lernbedürfnisse einzustellen. Im Training mit wenigen Teilnehmern ist das nicht ganz so schwierig, problematisch ist es bei Kursen mit größeren Gruppen. Vor allem dann, wenn man sich nicht als Vermittler von Lernstoff, sondern als Organisator von Lernprozessen versteht. Dann muss der Trainer bereit und fähig sein, seine Planungen situativ den aktuellen Bedingungen anzupassen.

Mögliche Auswirkungen der unterschiedlichen Teilnehmervoraussetzungen sind Unter- oder Überforderung durch zu schnelles oder zu langsames Vorgehen im Training. Erfahrene Trainer bedienen sich bei großen Unterschieden folgender Mittel:

Unter- und Überforderung vermeiden

- Sie legen Wert auf ausreichend Zeit für den Erfahrungsaustausch, um erfahrenen Teilnehmern die Möglichkeit zu eröffnen, ihre Erfahrungen weiterzugeben. Von diesen Erfahrungen können dann alle Teilnehmer profitieren.
- Sie lassen die Teilnehmer oft in Gruppen arbeiten. So gleichen sich Leistungsunterschiede besonders gut aus.
- Sie planen (soweit möglich) Zusatzaufgaben für »schnelle« Lerner ein.

Neben den Vorkenntnissen können auch die Erwartungen der Teilnehmer deutlich voneinander abweichen. Mögliche Auswirkungen sind dann Motivationsmangel und Unzufriedenheit.

Der Individualität der Teilnehmer gerecht werden

Bei solchen Problemen können individualisierte Lerneinheiten und differenzierte Aufgaben helfen. Die Teilnehmer lernen teilweise im Training alleine, zu zweit oder in kleinen Gruppen, können Lerninhalte, Lernintensität und Lerntempo selbst bestimmen. Sie können frei arbeiten, den Stoff wiederholen, vertiefen, eigene Anwendungen entwickeln und bei Bedarf die Hilfe des Trainers in Anspruch nehmen. Idealerweise lassen sich solche Phasen wieder mit Phasen verbinden, wo die Teilnehmer sich über ihre Lernerfahrungen austauschen oder gemeinsam das erworbene Wissen anhand eines Fallbeispiels erproben.

Selbstlernphasen, auch unter Aufsicht, können natürlich als freiwilliger Zusatz auch in den späten Nachmittagsstunden oder am Abend angeboten werden.

Selbstlernmedien bei der individuellen Vorbereitung

Des Weiteren helfen die Selbstlernmedien, das Training zu ergänzen. Damit verlassen Sie sinnbildlich die Grenzen des Trainingsraumes. Bei der individuellen Vorbereitung auf Seminare etwa können E-Learning-Komponenten zweifach eingesetzt werden:

1. als *Online-Tests* – so erhalten Sie Hinweise, welche Teilnehmer für das Training überhaupt geeignet sind. Auf diese Weise können Sie zum Beispiel auch sehr gut Teilnehmer »aussieben«, die sich für Aufbaukurse anmelden, aber nicht über die entsprechenden Grundkenntnisse verfügen.

Online-Tests

> Ein gutes Beispiel für solche Online-Tests ist der Test zur Einschätzung der deutschen Sprachkenntnisse des Goethe-Instituts, zu finden unter www.goethe.de.

z.B.

2. als *Lernbausteine*, die einzelne Teilnehmer auf das Eingangsniveau des Kurses anheben, idealerweise verbunden mit einer Einschätzung des Vorwissens und einer Lernempfehlung. Die Lernbausteine übernehmen dann die Funktion eines Liftkurses.

Lernbausteine

Individuelle Vorbereitung ermöglichen

Sie können die Lernbausteine natürlich auch vor dem Seminar für die Einarbeitung in das Thema verwenden – und die erworbenen Kenntnisse dann mit einem Test kontrollieren. Damit könnten Sie das Seminar von der Wissensvermittlung entlasten und Zeit für Gespräche, Übungen und Erfahrungsaustausch gewinnen. Problematisch ist hier die Akzeptanz der Teilnehmer. Möglich ist solch eine individuelle Vorbereitung am ehesten bei einer Kursfolge und einem Intervalltraining. Spätestens vor dem zweiten Zusammentreffen können dann auch »Hausaufgaben« aufgegeben werden.

Begleitendes Selbstlernen

Selbstlernen können Sie *begleitend* überall dort nutzen, wo zwischen Trainingsphasen Lücken vorhanden sind oder bewusst eingebaut werden. Dazu einige Beispiele:

- Sie führen IT-Kurse nur bis zur Mittagszeit durch – unter anderem wegen der Teilzeitkräfte und der Konzentrationsfähigkeit der Teilnehmer. Nachmittags haben die Teilnehmer Zeit, das Gelernte anzuwenden. Dann können Sie den Teilnehmern Lernprogramme oder schriftliche Selbstlernkurse für individuelle Vertiefungen anbieten.
- Sie beenden Ihre Kurse grundsätzlich schon um 15 Uhr und sehen bis 17 Uhr eine Selbstlernphase vor. In der Zeit können Sie einzelne Teilnehmer betreuen, andere vertiefen ihr Wissen mit Hilfe der Lernprogramme.

Präsenzphasen ersetzen

Ebenso möglich ist der Einsatz von Lernprogrammen, um bei mehrteiligen Qualifizierungen einzelne Präsenzphasen zu ersetzen:

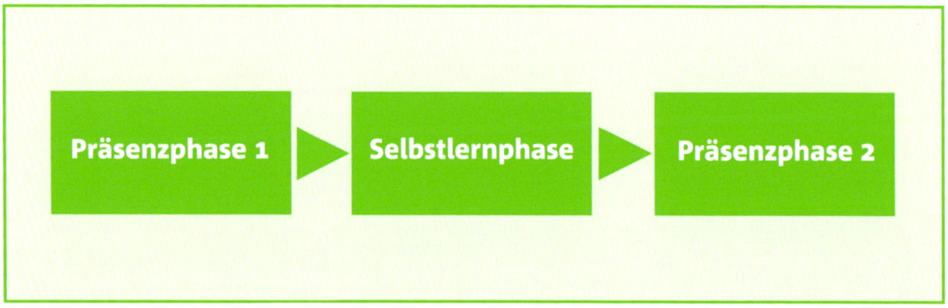

Auch hierzu ein Beispiel: Führungskräfte absolvieren häufig eine umfangreiche Ausbildung. Das bedeutet aber auch, dass sie an ihrem Arbeitsplatz längere Zeit ausfallen. Deshalb sind sicherlich Überlegungen sinnvoll, intermittierend zwischen Präsenzphasen Selbstlernphasen zu setzen. Diese können als Vertiefungselemente zu vorherigen Präsenzphasen oder als Vorbereitung auf kommende Präsenzphasen genutzt werden.

Selbstlernmedien nach Seminar einsetzen

Auch nach einem Seminar können Teilnehmer individuelle Schwerpunkte setzen und mit Medien, die Sie ihnen zur Verfügung stellen, ihr Wissen erweitern. Lernprogramme eignen sich als Nachbereitung von Seminaren vor allem:

- zum Nacharbeiten und Wiederholen von Gelerntem,
- zur Vertiefung des Wissens und
- zum Nachschlagen und Nachlesen.

Voraussetzung ist natürlich, dass die Lernprogramme entsprechende Möglichkeiten bereithalten.

Schnittstelle zum E-Learning schaffen

Als Trainer können Sie Ihre Seminare nach und nach durch E-Learning-Elemente anreichern. Gehen Sie dabei von den Medien aus, die Sie ohnehin in Ihren Schulungen verwenden:

Einsatzmöglichkeiten nutzen

- *Präsentationen* können Sie – etwa mit Adobe Acrobat – in Online-Präsentationen umwandeln.

- Aus *Texten* können Sie HTML-Dokumente erstellen. Achten Sie darauf, dass Sie diese schriftlichen Lernbausteine kurz halten.
- Auch *Übungen* und *Tests* können Sie webfähig machen, auch wenn hier der Aufwand größer ist.
- Sie können Ihre Vorträge als *Videostream* oder als *Audiostream* in Verbindung mit Präsentationen digitalisieren. Allerdings ist auch hier der Aufwand recht hoch – vor allem beim Erstellen von Videostreams.

Videostreaming

- Neu hinzukommen können *Animationen*. Sie lassen sich mit ein wenig Übung vergleichsweise einfach mit Programmen wie zum Beispiel Flash von Macromedia erstellen.
- Interessant sind auch *Video-Fallbeispiele*, die Sie als Grundlage für Übungen oder Lernkontrollen nutzen können.

Achten Sie bitte darauf, dass Sie Bilder und erst recht Videos technisch so aufbereiten, dass sie schnell geladen werden. Das ist vor allem beim Einsatz im Internet sehr wichtig. Niemand wartet mehrere Minuten ab, bis ein Video endlich startet.

Nehmen Sie sich Zeit zur Selbstreflexion

Welche Konsequenzen hat das neue Wissen, das Sie im letzten Kapitel dieses Buches erfahren haben, für Ihre Weiterbildungen, Trainings und Seminare?

- Welche E-Learning-Elemente und anderen Selbstlernmedien haben Sie bisher eingesetzt?
- Welche Veränderungen werden Sie diesbezüglich vornehmen?

Literaturverzeichnis

- Ballstaedt, Steffen-Peter: Wissensvermittlung. Weinheim, Beltz 1997
- Birkholz, Waldemar; Dobler, Günter: Der Weg zum erfolgreichen Ausbilder. Edewecht, Stumpf & Kossendey, 6., überarbeitete und erweiterte Auflage 2001
- Boeckmann, Klaus; Heymen, Norbert: Unterrichtsmedien selbst erstellen. Neuwied, Luchterhand 2002
- Flechsig, Karl-Heinz: Kleines Handbuch didaktischer Modelle. Bonn, managerSeminare Verlag 1996
- Förster, Hans P.: Corporate Wording. Frankfurt/M., Frankfurter Allgemeine Buchreihe, 2. überarbeitete Auflage 2009
- Hoster, Gertrud: Wirksam formulieren. Stuttgart, Klett Verlag. 2. Auflage 1993
- Meier, Rolf: Seminare erfolgreich planen. Offenbach, GABAL Verlag 2003
- Meier, Rolf: Seminare erfolgreich durchführen. Offenbach, GABAL Verlag 2003
- Meier, Rolf: Praxis E-Learning. Offenbach, GABAL Verlag 2006
- Rost, Walter: Ausdruck sehr gut. Reinbek, Rowohlt 1993
- Schneider, Wolf: Deutsch für Profis. München, Goldmann 2001
- Seiffert, Josef W.: Visualisieren. Präsentieren. Moderieren. Offenbach, GABAL Verlag, 23. Auflage 2009
- Wahl, Diethelm u. a.: Erwachsenenbildung konkret. Weinheim, Deutscher Studien Verlag, 4. Auflage 1995

Stichwortverzeichnis

Abkürzungen 130
Ablaufdiagramm 31
Absätze 140
Abstand 140
Aktive Auszeichnung 144
Alltagssprache 127
Anforderungen an Skripten 108
Animationen 159
Anmerkungen 141
Anschaulichkeit 124, 133
Anschreiben 60
Anwendung 76
Aphorismen 136
Arbeit mit dem Text 148
Arbeitsaufträge 74, 77
Arbeitshilfen 74
Audiostream 159
Aufgaben konstruieren 90
Aufgabenstellung 79
Aufmerksamkeit 115
Aufzählungen 145

Balkendiagramm 37
Basiseinheit 110
Beamer 47
Beispiele 74, 135
Benutzte Literatur 142
Beobachtungsaufgaben 82
Beurteilung 119
Bezug zur Praxis 119, 124

Checklisten 88, 146

Darstellungsmöglichkeiten 120
Diagrammtypen 37
Dialog 131
Distraktoren 91
Druckbuchstaben 55, 61
Durchschuss 140

Einfachheit 123
Einleitung 147
Einschätzung des Verhaltens 149
Einschätzungshilfe 148
Einschätzungstests 149
Einstiegsdiagnose 152
E-Learning 156, 158
Entscheidungsaufgaben 91
Erarbeiten 57
Erarbeitung von Wissen 153
Erfahrungshintergrund 132
Erfahrungshorizont 148
Ergänzungsantwort 92

Fachausdrücke 129
Fallbeispiele 80, 136, 148
Farbassoziationen 40
Farben 39, 46, 50, 56, 60
Farbton-Nuancen 39
Fettdruck 41, 74, 106, 137, 144
Flipchart 63, 64
Folge 27
Formen von Medien 16
Freie Kurzantwort 92
Fremdwörter 128
Funktionen von Medien 9

Geläufige Wörter 127
Gesetz der Gleichheit 43
Gesetz der Nähe 43

Gliederung der Medien 16
Gliederungsfragen 148
Glossar 142
Grafiken 23, 87
Grafische Elemente 56

Hervorhebungen im Text 139, 144
Hierarchie 28

Inhalte auswählen 20
Inhaltsverzeichnis 141
Integrierte Auszeichnung 144
Interaktives Whiteboard 71
IT-Kurse 157
IT-Skripten 110

Keyword-Methode 93
Keywords 94, 142
Konstruktion der Sätze 130
Kontrast 39
Kontrastgesetz 43
Kontrolle 14
Konzentrationsfähigkeit 21
Korrekturaufgabe 93
Kreisdiagramme 38
Kurzantwort 92

Legende 38
Lehrmedien 16, 20, 45
Lerneinheiten 115
Lernerfolgskontrollen 97
Lernkontrolle und Leistungsüberprüfung 154
Lernkontrollen 90, 94, 149, 152
Lernmedien 16, 74
Lernprogramme 151
Lernprozesse 11, 151
Lerntypen 12
Lernziele 90
Lernzielstufe 15
Lernzuwachs 97
Lesbarkeit 36
Lesefreundlichkeit 137
Liftkurs 157
Liniendiagramm 37
Links 142
Listen 28
Literaturempfehlungen 142
Literaturverzeichnis 142
Lückentext 93

Medienauswahl 44
Medieneinsatz 7, 9, 15, 18, 63
Medien entwickeln 20
Medium auswählen 58
Merkposten 145
Merksatz 145
Mind-Map 31, 87
Miniskript 109
Mischtypen 12
Moderationsstifte 60
Motivation 114
Motivation und Orientierung 152
Multiple-Choice-Fragen 91, 148
Muster 147

Online-Tests 157
Overhead 49

Pädagogische Prinzipien 22
Piktogramme 7
Plakate 53
Planspiele 85
PowerPoint 49, 52, 59
Präsentationen 158
Präsentieren 45
Präsenzphasen 158
Praxisbezug 135
Praxistests 95
Problemstellungsaufgabe 93
Proportionale Schrift 139

Rahmenszenario 148

Ratewahrscheinlichkeit 91
Reihung 28
Rhetorische Fragen 133
Rollenspiele 83

Satzebene 126
Satzkonstruktion 130
Säulendiagramm 37
Schaubild 148
Schlüsselwörter 25, 32, 142
Schriftarten 41, 138
Schriften 41, 55
Schriftgrößen 41, 62, 138
Schriftsprache 127
Schritt-für-Schritt-Anweisungen 145
Schulungsskript 103
Schwierigkeitsgrad von Aufgaben 96
Selbstkontrolle 91
Selbstlernmedien 17, 151
Serifenlose Schriften 42, 138
Serifen-Schriften 41, 138
Simulationen 83
Skizzen anfertigen 62
Skripteinsatz planen 104
Skript einsetzen 106
Skript erstellen 114
Skripttext entwickeln 116
Skripttext formulieren 123
Spiele 83
Standard-Schriftarten 138
Stellwand 53, 64, 66
Stichwortverzeichnis 142
Stiftauswahl 60
Strichzeichnungen 40
Struktur herausarbeiten 33
Strukturierung 22, 124
Szenarios 136

Tabellen 28, 35
Tablet-PC 71
Teilaufgaben 79
Teilnehmerorientierung 155
Telegramm-Stil 131
Tests entwickeln 95
Textabschnitte 24
Textaufbau 148
Texte 159
Textverarbeitung 111
Themenfolge 115
Tortendiagramm 38
Transfer 98
Transferbogen 99
Transferheft 100
Trennschärfe von Aufgaben 96
Typographie 137

Üben und Anwenden 154
Überprüfen und Kontrollieren 89
Überschriften 143
Übersichtsgrafik 87
Übertragbarkeit des Erlernten 75
Übungen 75, 76
Umordnungsaufgaben 92
Umsetzung und Transfer 155
Umsetzung unterstützen 97
Unter- oder Überforderung 75, 106, 156

Verfassung eines Skripttextes 123
Vergleiche 29, 135
Vermittlung von Wissen 153
Verstehen 118
Video-Fallbeispiele 82, 151, 159
Videostream 159
Visualisierung 20, 33
Visualisierung durchführen 23
Vorkenntnisse 148

Wahrnehmungsgesetze 42
Whiteboard 63, 65
Wiederholen und Festigen 86

Wiederholung 86, 146, 154
Wortbilder 138
Wortebene 126
Wortspiele 136

Zeilenlänge 140
Ziele 148
Ziele der Vermittlung 116
Zier- und Schreibschriften 139
Zitate 136
Zuordnungsaufgaben 92
Zusammenfassung 87
Zusammenspiel der Medien 13
Zwischenüberschriften 41, 137, 144
Zyklus 27

Bildnachweise

Fotos wurden zur Verfügung gestellt von:

- Legamaster: Seite 49, 56, 57, 60, 63, 65, 66, 67 und 72
- Panasonic: Seite 47